107 rules for beginner
in-house system engineers.
Starting from Plan, Design Development to
IT operation management.

加藤 一　Hajime Kato

社内SE
1年目から
貢献！

情シス

企画・開発・運用

107のルール

技術評論社

まえがき

「上司・先輩が何も教えてくれない」
「社内SEが勉強すべき内容がわからない」

社内SEとして働くあなたは悩んでいないでしょうか？
その悩みは、社内SEを取り巻く構造的な問題に原因があります。

▼ IT需要の増加とプロジェクト優先の事業会社

ITの需要は年々増加していますし、今後も成長が見込まれます。様々なプロジェクトが社内SEに降り注ぎ、結果、社内SEのリソースは慢性的に不足しています。また、社内SEが働く事業会社では、社内教育よりもプロジェクトを優先する傾向があります。そのため、上司や先輩はリソースをプロジェクトに充てざるを得ず、上司・先輩は教えたくとも教えられない、という実態があります。

▼日本では社内SEはマイノリティ

社内で学べないなら外に目を向けようと、本を探そうとしても課題があります。日本のIT人材の約7割はSIerなどのベンダー企業に所属し、約3割が事業会社などのユーザー企業に所属しています。海外ではこの比率が逆転し、ほとんどのIT人材がユーザー企業に籍を置いています。

日本で社内SE向けの教材を探そうとしても、IT関連の教材の多くがSIer向けに作られています。社内SEにジャストミートしないのです。IT書籍を読んだ際に、「仕事に役立つ要素はあるけど、いまいちフィットしないな」と違和感を覚えたことがあるのではないでしょうか。

▼在宅勤務で職場からの学びが減少

ここ数年でリモートワークが定着しました。職場環境に身を置いて、上司・先輩の仕事ぶりや彼らとの雑談から"見て学ぶ"機会が減少しています。

▼本書に込めた筆者の狙い

もともと学びづらい環境であったわけですが、それにリモートワークが拍車をかけています。情報難民と化した社内SEに情報提供するために、筆者は社内SEのための情報ブログ「IT Comp@ss」（https://itinfoshop.com/）を立ち上げました。自身のコンサルタント・社内SE・社内SE講師としての15年以上の経験と学びを発信しており、おかげさまで月間数万PVのサイトに成長しています。

本書は、社内SEとしてスタートを切った方（あるいはこれからスタートを切る方）のために、筆者が社内SE 1年目のときに知っておきたかったことや、実際に1年目の部下に教えていたことを整理して1冊にまとめたものです。

第1章では、ITを取り巻く概況を解説します。社内SEはどこに向かっているのか、大きなトレンドをつかんでください。

第2章では、社内SEに求められるスキルを解説します。今後、社内SEとして成長するために何が必要か、現場で活躍するためにまずどんなスキルを学ぶべきか理解できます。

第3章では、社内SE 1年目の方が初めにアサインされやすい運用保守、そしてプロジェクト管理について解説します。問い合わせに対応する方法や進捗管理について学び、社内での信頼度アップにつなげてください。

すでにシステム開発プロジェクトにアサインされている方もいるかもしれません。第4章～第11章では、システム開発の工程別に社内SEの仕事のルールを解説します。あなたが担当している工程から読み始めてハンドブック的に使うこともできますが、筆者お勧めの使い方は、一度全ページを読み流し、社内SEの仕事の全体感を押さえてもらうことです。

システム開発には、前後の工程との関係性や依存関係があります。前工程で終えるべき作業、あなたの工程ですべき作業 —— この"べき"を本書によって体系的に身につけてもらいたいと思っています。

手探りや行き当たりばったりの働き方から、社内SEとしてのルールを押さえた、整理された働き方へ。本書がお役に立てることを願っています。

2024年2月　　　　　　　　　　　　　　　　　　　　　　　加藤　一

社内SE 1年目から貢献！
情シス　企画・開発・運用 107のルール

Contents

目 次

第 **1** 章 社内SEを取り巻く概況

Intro 社内SE1年生への期待 ···································· 20
社内SE1年生に期待されていること／第1章の内容

RULE 001 グローバルで拡大するIT需要を知る ···················· 22
第4次産業革命とIT／各国の第4次産業革命の取り組み／新型コロナウイルスで加速するIT

RULE 002 日本の少子高齢化とITの関係を把握する ·············· 24
少子高齢化先進国・日本／ビジネスを支えるIT／社内SEも変わらなければならない

RULE 003 自社のIT投資意欲を認識する ·························· 26
自社のIT投資意欲／伝統的なIT投資と新しいIT投資／組織図から読み取れること

RULE 004 社内SEとIT業種・職種との関係を把握する ············ 28
IT業界・IT業種／社内SEとIT業種の関係性／社内SEとIT職種の関係性

RULE 005 SIer SEとSESについて理解する ···················· 30
SIer SE、社内SE、SESの違い／社内SEとSIer SE、SESのプロジェクト例

RULE 006 企業のIT投資の構図を理解する ······················ 32
企業活動とIT投資／そもそもの目的を見誤らない

RULE 007 2つの雇用の形を把握する ···························· 34
雇用形態による違い／社外情報収集の必要性

第 2 章 求められるスキル

Intro　**実践で役立つスキルと考え方** ································· 38
　　　社内 SE に必要なスキル／第 2 章の内容

RULE 008　**成果を上げる構図を理解する** ······················· 40
　　　成果を上げる構図／成果を上げるステップ

RULE 009　**求められるスキル要素を理解する** ················· 42
　　　テクニカルスキル（業務遂行能力）／コンセプチュアルスキル（概
　　　念化能力）／ヒューマンスキル（対人関係能力）／マネジメントス
　　　キル

RULE 010　**企業戦略と個人目標を紐づける** ····················· 44
　　　企業戦略と個人目標／個人目標の設定／インプット＋プロセス

RULE 011　**内発的動機で行動の質を上げる** ····················· 46
　　　適切な動機づけ／内発的動機と外発的動機／動機の見つけ方

RULE 012　**業務知識を身につけ、ビジネスに貢献する** ········· 48
　　　業務プロセス知識／頻出の経営手法

RULE 013　**IT 資格を活用する** ·································· 50
　　　IT 資格／お勧めの IT 資格

RULE 014　**コンセプチュアルスキルで課題を解決する** ········· 52
　　　お勧めのコンセプチュアルスキル／コンセプチュアルスキル活用
　　　例／コンセプチュアルスキルの鍛え方

RULE 015　**ヒューマンスキルで人間関係を円滑にする** ········· 54
　　　社内 SE 1 年生にとってのヒューマンスキル／顧客視点／相手への
　　　敬意

RULE 016　学ぶためにまず時間を作る ⋯⋯⋯⋯⋯⋯⋯⋯⋯⋯⋯⋯⋯⋯⋯⋯⋯ 56
　　　　　訓練（努力）の重要性／振り返りと体系化で学びを加速する

第 **3** 章 運用保守とプロジェクト管理

Intro　社内 SE 1 年生の基礎業務 ⋯⋯⋯⋯⋯⋯⋯⋯⋯⋯⋯⋯⋯⋯⋯⋯⋯⋯ 60
　　　　業務全体感／第 3 章の内容

RULE 017　運用保守業務で人脈を構築する ⋯⋯⋯⋯⋯⋯⋯⋯⋯⋯⋯⋯ 62
　　　　　運用保守業務／関連する用語／課題や依頼の対応フロー

RULE 018　運用保守業務をこなして信頼を得る ⋯⋯⋯⋯⋯⋯⋯⋯⋯ 64
　　　　　運用保守はチャンスの宝庫／運用保守業務のコツ

RULE 019　プロジェクトマネジメントでヒト・モノ・カネを管理する ⋯⋯ 66
　　　　　プロジェクトマネジメントは登竜門／プロジェクトマネジメント
　　　　　の目的

RULE 020　進捗を管理し、課題に対応する ⋯⋯⋯⋯⋯⋯⋯⋯⋯⋯⋯⋯ 68
　　　　　進捗管理の目的／進捗管理の注意点

RULE 021　WBS で進捗管理を効率化する ⋯⋯⋯⋯⋯⋯⋯⋯⋯⋯⋯⋯ 70
　　　　　WBS ／ WBS の注意点

RULE 022　人を管理し、プロジェクトを進める ⋯⋯⋯⋯⋯⋯⋯⋯⋯⋯ 72
　　　　　リソース管理の役割／関連する用語／リソース管理の流れ

RULE 023　プロジェクト完走のために予算を管理する ⋯⋯⋯⋯⋯⋯ 74
　　　　　ガソリンを枯れさせない

RULE 024　課題を管理し、解決する（させる）⋯⋯⋯⋯⋯⋯⋯⋯⋯⋯ 76
　　　　　課題管理の要点／課題管理の例

RULE 025 　コミュニケーション管理の仕組みに従う ‥‥‥‥‥‥‥‥ 78
コミュニケーションのための仕組み作り／プロジェクトと組織の
コミュニケーションの違い／コミュニケーション手段の使い分け

RULE 026 　成果物管理を体系化する ‥‥‥‥‥‥‥‥‥‥‥‥‥‥‥‥ 80
管理する対象は幅広い／フォルダー構成のルール

RULE 027 　メリハリある備品管理を行う ‥‥‥‥‥‥‥‥‥‥‥‥‥‥ 82
無用なトラブルを避けるために／管理すべき対象／ソフトウェア、
ハードウェア管理の例

第 4 章　システム構築とは

Intro 　システム構築の全体感 ‥‥‥‥‥‥‥‥‥‥‥‥‥‥‥‥‥ 86
全体感と選択肢／第 4 章の内容

RULE 028 　業務改善・改革のアプローチを押さえる ‥‥‥‥‥‥‥‥ 88
改善・改革の手法／手法ごとの違い

RULE 029 　システム構築のフェーズを押さえる ‥‥‥‥‥‥‥‥‥‥ 90
フェーズの種類／協業でフェーズを進める

RULE 030 　システム導入の選択肢を押さえる ‥‥‥‥‥‥‥‥‥‥‥ 92
導入方法の選択肢

RULE 031 　開発体制の選択肢を押さえる ‥‥‥‥‥‥‥‥‥‥‥‥‥ 94
外部リソースの守備範囲／5 つのパターン

RULE 032 　開発手法の選択肢を押さえる ‥‥‥‥‥‥‥‥‥‥‥‥‥ 96
ウォーターフォール開発／アジャイル開発／ハイブリッド開発

第 **5** 章 プロジェクト起案

Intro アイデア具現化の第一歩 ·· 100
起案されないプロジェクト／第 5 章の内容

RULE 033 企画書作成プロセスを理解する ··························· 102
企画書が最終の成果物／企画の進め方

RULE 034 業務フローとは何か理解する ····························· 104
As-Is/To-Be 業務フロー／業務フロー検討のイメージ／業務フロー作成支援のコツ

RULE 035 IT ソリューションを検討する ····························· 106
IT ソリューション検討／提案で意識するポイント／サイロ化を避けるために

RULE 036 起案フェーズの役割分担を理解する ··················· 110
役割分担の目的／ 5 つのステップ

RULE 037 IT リテラシー向上を助ける ······························· 112
よくある勘違い／ IT リテラシーが足りない／ IT リテラシーを上げる方法

RULE 038 超概算見積もりを行う ·· 114
超概算見積もり／見積もり情報の取得

RULE 039 プロジェクトの開始承認を得る ··························· 116
承認プロセスのとらえ方／承認プロセスの種類／根回しの考え方

第 **6** 章　プロジェクト立ち上げ

Intro　システム構築の方向性が決まる ──────── 120
　　　　立ち上げフェーズの重み／第 6 章の内容

RULE 040　立ち上げフェーズの全体感を理解する ──────── 122
　　　　関連する用語／立ち上げフェーズの全体像

RULE 041　RFI/RFP を作る ──────── 124
　　　　RFI/RFP ／ RFI/RFP 実施領域の選択肢／ RFI/RFP の目次例

RULE 042　ベンダーリストを作る ──────── 128
　　　　ベンダーリスト／ベンダーリストのための情報を集める

RULE 043　役割分担表を作る ──────── 130
　　　　RASCI の書き方／ RASCI の役割

RULE 044　提案プロセスを理解する ──────── 132
　　　　評価の進め方／評価時のポイント

RULE 045　デモとプレゼンを依頼する ──────── 134
　　　　デモとプレゼンの目的／デモの注意点

RULE 046　提案内容を評価する ──────── 136
　　　　評価のための役割／評価軸と評価結果

RULE 047　必要に応じて PoC を行う ──────── 138
　　　　PoC の目的／ PoC の進め方／ PoC のコツ

RULE 048　契約に向けて準備を進める ──────── 140
　　　　契約なしの先行着手は NG ／請負契約と準委任契約の違い

RULE 049　価格交渉のための準備をする ──────── 142
　　　　支払う価格と受け取る価値／見積もりの確認ポイント

RULE 050 **要件定義に向けて体制を構築する** ──────── 144
プロジェクト成功のための体制／体制図作成のポイント

RULE 051 **関係者をプロジェクトに巻き込む** ──────── 148
人を巻き込むには／集団の 3 つのタイプ

第 **7** 章 要件定義

Intro **システムに何を求めるかを定義する** ──────── 152
要件定義は What を定義／第 7 章の内容

RULE 052 **要件定義とは何か理解する** ──────── 154
噛み合わない要件定義／噛み合った要件定義

RULE 053 **SIer 活用モデルを理解する** ──────── 156
SIer 活用モデル／丸投げは絶対 NG

RULE 054 **要件定義の進め方を理解する** ──────── 158
"作る"と"使う"で異なるアプローチ／社内 SE と SIer の守備範囲

RULE 055 **システム構築関連用語を押さえる** ──────── 160
フェーズごとの用語

RULE 056 **要件定義の成果物を押さえる** ──────── 162
要件定義の成果物／成果物の関連性

RULE 057 **成果物一覧でタスクの認識を合わせる** ──────── 164
成果物一覧の重要性／成果物一覧の使い方

RULE 058 **プロジェクトキックオフを行う** ──────── 166
キックオフ会議でのインプット

RULE 059 **業務フローの作成を支援する** ──────── 168
業務フローの責任は業務部門／業務フローを推進させるポイント

RULE 060 システム要件とは何か理解する 170
システム要件／機能要件一覧

RULE 061 機能要件を洗い出す 172
業務フローから要件を特定する／機能要件を深堀りする

RULE 062 お客様視点で要件を検討する 174
お客様視点／お客様が本当に求めるものは？

RULE 063 非機能要件を洗い出す 176
非機能要件／非機能要件の注意点

RULE 064 事業部門、業務部門に丸投げさせない 178
勘違いする人は必ずいる／事業／業務部門との間合い

RULE 065 要件漏れを防止する 180
要件漏れの種類／要件を全て実現することはできない／要件漏れ
をゼロにする方法

RULE 066 要件漏れをチェックする 182
要件漏れを防ぐためのチェックリスト

RULE 067 最適なソリューションを設計する 184
個別最適を回避する／カスタムで対応すべきかどうか

RULE 068 画面要件、帳票要件を固める 186
画面要件、帳票要件／画面遷移／帳票レイアウト

RULE 069 データフローを固める 190
マスタデータとトランザクションデータ／データフローのポイン
ト

RULE 070 インターフェース要件を固める 192
必要データ項目／インターフェースを一覧化する

RULE **071** 課題を解消し要件 FIX に進む ……………………………… 194
課題のクロージング／残課題を特定しアクションを促す／見えにくい進捗を確認する

RULE **072** 要件は FIX" する " ではなく " させる " ……………………… 196
要件の FIX ／ FIX しない判断

第 **8** 章 基本設計と開発

Intro 要件をどう構築するか社内 SE がリードする …………………… 200
丸投げすればこうなる／第 8 章の内容

RULE **073** 進捗管理のポイントを押さえる …………………………… 202
社内 SE が進捗を管理する／進捗管理方法／進捗管理の仕組み

RULE **074** 進捗報告会で報告を受ける ………………………………… 204
進捗報告の目的／進捗報告の注目点

RULE **075** 基本設計書をレビューする ………………………………… 206
丸投げ社内 SE のパターン／レビューのポイント

RULE **076** テストの種類と役割を理解する …………………………… 208
システム構築におけるテスト／テストの役割分担

RULE **077** テスト結果をレビューする ………………………………… 210
単体テスト、結合テストの結果レビュー／不具合の傾向から潜在している問題を見つける

RULE **078** トレーニングを支援する …………………………………… 212
基本操作トレーニングと業務運用トレーニング／トレーニングの準備

RULE **079** チェンジマネジメントを理解する ………………………… 214
チェンジマネジメント／チェンジマネジメントとの関わり

RULE **080** **プロジェクトの反対勢力について理解する** ⋯⋯⋯⋯⋯ 216
反対勢力は必ず現れる／反対勢力のタイプと対策

RULE **081** **テスト／トレーニング環境を準備する** ⋯⋯⋯⋯⋯⋯⋯ 218
テスト／トレーニングのための環境／環境準備のポイント

第 9 章　システムテスト

Intro　**品質改善のために不具合を正しくとらえる** ⋯⋯⋯⋯⋯⋯ 222
テストにおける不具合／第 9 章の内容

RULE **082** **システムテストの全体像を押さえる** ⋯⋯⋯⋯⋯⋯⋯ 224
システムテストの位置づけ／システムテストの種類

RULE **083** **システムテスト計画を作成する** ⋯⋯⋯⋯⋯⋯⋯⋯⋯ 226
テスト開始前の時間を有効活用／テスト開始前の準備

RULE **084** **テスト計画書の書き方を押さえる** ⋯⋯⋯⋯⋯⋯⋯⋯ 228
システムテスト計画書

RULE **085** **システム間連携テストを行う** ⋯⋯⋯⋯⋯⋯⋯⋯⋯⋯ 230
システム間連携テスト／システム間連携テストの注意点

RULE **086** **開始・終了判定チェックリストを活用する** ⋯⋯⋯⋯⋯ 232
チェックリストが必要な理由／チェックリストで押さえるべき観
点

RULE **087** **現新比較テストを行う** ⋯⋯⋯⋯⋯⋯⋯⋯⋯⋯⋯⋯⋯ 234
現新比較テスト／データ比較と帳票比較／現新比較テストの注意
点

RULE **088** **性能テストを行う** ⋯⋯⋯⋯⋯⋯⋯⋯⋯⋯⋯⋯⋯⋯⋯ 236
性能テスト／性能テストの注意点

RULE **089**　**エビデンスを残す** ———————————————————— 238
エビデンス／エビデンス取得のステップ／エビデンスの注意点

RULE **090**　**不具合を検知し報告する** ———————————————— 240
不具合のとらえ方／不具合の検出例／生じた違和感は共有する／
変更内容のアセスメント

RULE **091**　**不具合の根本原因を究明する** ———————————— 242
不具合対応のポイント

RULE **092**　**システムテストの完了報告をする** ———————— 244
システムテスト完了報告／人前で報告するときの心得

RULE **093**　**受入テストを支援する** ———————————————— 246
受入テストの位置づけ／社内 SE の支援内容／受入テストで見つ
かる課題

第 **10** 章　移行

Intro　**To-Be への移り変わりを設計、実行する** ———————— 250
移行は軽んじられがち／第 10 章の内容

RULE **094**　**移行関連用語を押さえる** ———————————————— 252
関連する用語

RULE **095**　**移行の段取りをする** ———————————————————— 254
移行の準備

RULE **096**　**移行計画書を作成する** ———————————————— 256
移行計画書の目次例

RULE **097**　**データ移行を行う** ———————————————————— 258
データ移行の役割分担／移行リスクの下げ方

RULE 098　リハーサルで移行品質を上げる ⸺⸺⸺⸺⸺⸺ 260
　　　　　移行リハーサルのとらえ方／移行リハーサルのポイント

RULE 099　運用引き継ぎの流れを押さえる ⸺⸺⸺⸺⸺⸺ 262
　　　　　運用引き継ぎのパターン／運用引き継ぎの流れ

RULE 100　業務移行を支援する ⸺⸺⸺⸺⸺⸺⸺⸺⸺⸺ 264
　　　　　業務移行／業務移行を他人事にしない／社内 SE の関わり方

第 11 章　リリースと運用

Intro　システムリリースは新たなスタート ⸺⸺⸺⸺⸺⸺ 268
　　　　第 11 章の内容

RULE 101　リリースから運用までの流れを押さえる ⸺⸺⸺⸺ 270
　　　　　リリースから運用までの流れ／判断のポイント

RULE 102　リリース判定を受ける ⸺⸺⸺⸺⸺⸺⸺⸺⸺ 272
　　　　　リリース判断／リリース判定資料

RULE 103　ハイパーケアの準備をする ⸺⸺⸺⸺⸺⸺⸺⸺ 274
　　　　　ハイパーケアの準備／リリースを学びの場にする

RULE 104　ハイパーケアのポイントを押さえる ⸺⸺⸺⸺⸺ 276
　　　　　ハイパーケア／ハイパーケアのポイント

RULE 105　システムの切り戻しに備える ⸺⸺⸺⸺⸺⸺⸺ 278
　　　　　切り戻し／切り戻しの計画・実行のポイント

RULE 106　運用引き継ぎを行う ⸺⸺⸺⸺⸺⸺⸺⸺⸺⸺ 280
　　　　　運用引き継ぎ／引き継ぎの注意点

RULE 107　プロジェクトの振り返りを行う ⸺⸺⸺⸺⸺⸺⸺ 282
　　　　　プロジェクトの振り返り／振り返りの観点

第 **1** 章

社内SEを取り巻く概況

社内SE基礎	システム構築
第 **1** 章 社内SEを取り巻く概況	第 **5** 章 プロジェクト起案
第 **2** 章 求められるスキル	第 **6** 章 プロジェクト立ち上げ
第 **3** 章 運用保守と プロジェクト管理	第 **7** 章 要件定義
第 **4** 章 システム構築とは	第 **8** 章 基本設計と開発
	第 **9** 章 システムテスト
	第 **10** 章 移行
	第 **11** 章 リリースと運用

Intro »»»

社内SE 1年生への期待

第1章で解決できる疑問 ▶

- 社内SE 1年生に期待されていることは？
- 社内SEはどんな職業？
- 今後、社内SEはどうなっていく？

□ 社内SE 1年生に期待されていること

社内SE 1年生は、社会人1年目でもあり学ぶことが多くあります。周りには情報があふれ、どこから手をつけたらいいか迷うでしょう。効率的に学び成果につなげるためには、社内SE 1年生に特に求められる知識、スキルを理解し、優先的に取得することです。そのためには、社内SE 1年生に期待されていることは何かを理解する必要があります。

図1-1 社内SE 1年生への期待の背景

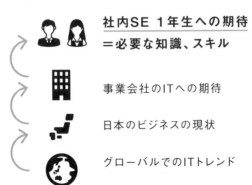

社内SE 1年生への期待
＝必要な知識、スキル

事業会社のITへの期待

日本のビジネスの現状

グローバルでのITトレンド

□ 第1章の内容

　第1章では、社内SE 1年生への期待を明確にするために、現在のITを取り巻くトレンドから解説します。次に、日本国内でのビジネスを取り巻く状況を解説します。一見、社内SE 1年生への期待からは遠そうに思えるかもしれませんが、こういったベースとなる概況が事業会社の社内SE 1年生に求められることの根幹になります。第2章以降で社内SEを取り巻く期待を踏まえ、実践で役立つ知識、スキルを解説していきます。

図1-2 本書の構成と第1章の内容

グローバルで
拡大するIT需要を知る

■ 第4次産業革命とIT

　グローバルでの大きなトレンドや時代背景を見ていきます。現在、私たちは第4次産業革命の渦中にいます。20世紀の第3次産業革命では、PCとインターネットの出現により、製造業を中心に人が行っていた作業の自動化が始まりました。現場の仕事を効率化するためにERPパッケージなどのシステムが導入され、社内SEは自社のIT化を推進する役割で活動を開始しました。

　21世紀には第4次産業革命として、デジタル技術（IoT、ビッグデータ、AIなど）によりモノとインターネットがつながり最適化を実現する革命が浸透しています。家電製品、自動車、工場機器などのデバイスがインターネットとつながり、データを収集し、スマートフォンによる制御が可能になっています。

　ITの活用はビジネスだけにとどまらず、あらゆる領域に浸透しました。社内SEはそれまでのERPなどの業務系の仕組みだけではなく、デジタル技術を活用した外部へのサービス提供にも貢献の幅を広げました。

　一部の企業経営者は、ビジネスにITを導入する考え方から、ITを軸に経営を考えるIT経営へとシフトしています。例えば、Amazonや楽天といったECプレイヤーです。ITをツール・手段ととらえず、ITを前提とした戦略やビジネスモデルで経営を展開しています。

　さらに、グローバルで進行する産業革命によりビジネスだけではなく、社会全体にITの必要性が広まっています。この大きなトレンドの中で、まさに必要とされる存在が社内SEです（すでに第5次産業革命に突入しているという声もありますが、本書では割愛しています）。

■ 各国の第4次産業革命の取り組み

　第4次産業革命という言葉は、2011年に開催された「ハノーバー・メッセ2011」でドイツにより提唱された「Industrie 4.0」が始まりといわれています。この提

唱をきっかけに、世界各国が独自の取り組みを掲げ改革を開始しました。各国でどのような取り組みが推進されているのか触れておきます。

図1-3　**主要国における第4次産業革命の取り組み**

年	国名／取り組み	内容
2011	ドイツ Industrie 4.0	製造業のオートメーション化を官民一体で推進。一早く国家レベルで構想を打ち出し、ボッシュ、シーメンスなど大手を巻き込み、政府、産業、社会のデジタル化を推進。
2011	イギリス Catapult Centres	生活、エネルギー関連を中心に、広くIoT技術を活用してイノベーションを進める戦略。
2011	アメリカ 先進製造パートナーシップ	GE、IBM、インテルを中心に、インターネットを活用したサービス提供の活性化を推進。
2015	中国 中国製造 2025	ITを活用し、製造業の水準底上げを狙う。ITを活用したモノづくりの基盤構築やデジタル制御ロボットなどの導入を推進。
2015	日本 日本再興戦略	「Society 5.0」（超スマート社会）を掲げ、企業の第4次産業革命と個人のライフスタイル変革の両面を目論む。生産、流通、販売、交通、健康医療、金融、公共サービスなど、あらゆる場面で快適かつ豊かに生活できる社会の実現を目指す。

■ 新型コロナウイルスで加速するIT

　グローバル規模での第4次産業革命の声明や取り組みはITへの追い風となりました。これに2019年からの新型コロナウイルス感染症による世界的パンデミックが拍車をかけました。

　それまで日本におけるデジタル化の取り組みは、一部の大手企業を中心に推進されている状態でした。しかし、パンデミックをきっかけにIT化・デジタル化の"必要"が"必然"に変化し、中小企業もデジタルシフトを開始しました。

　このようなグローバル規模のIT活用のトレンドという風を受ける状況に社内SEである私たちはいます。社内SEという職種は、したがって今後も底堅い需要増加が見込まれる魅力的な職種です。

日本の少子高齢化とITの関係を把握する

少子高齢化先進国・日本

　日本独自のIT化・デジタル化を加速させる1つの要因を解説します。日本では少子高齢化が急速に進行しています。日本の人口は2004年12月をピークに減少に転じ、約100年前の人口水準に戻るという歴史的転換点の渦中にあります。

図1-4　ピークアウトから急減に向かう日本の人口動態

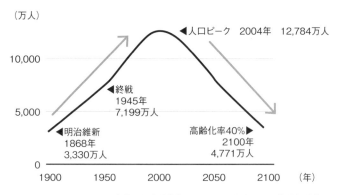

出典：総務省「我が国における総人口の長期的推移」を元に作成

ビジネスを支えるIT

　この劇的な変化により、これまで人口増を前提にして作られた様々な制度（社会福祉、年金など）は変化を余儀なくされています。それと同時に、これまでのビジネスモデルや働き方にも大きな変化を迫っています。この変化の最中で重要な役割を担うのがIT技術です。

　一例を挙げましょう。経済産業省の「海外事業活動基本調査」によると、製造業全体の海外生産比率は90年度は6.4％でしたが、2000年度には13.4％と増加して

います。これには少子高齢化だけでなく様々な複合的要因が絡んでいます。しかし、縮小する国内リソースと拡大するグローバル市場が要因の1つであることは否定できません。ボーダレスにビジネスをする企業において情報をグローバルに効率的に交換し、ビジネスを支えるための手段としてITは必要不可欠です。

■ 社内SEも変わらなければならない

世界のITトレンド、そして日本の少子高齢化やグローバル化により、必然的にITへの期待が拡大しています。それに伴い企業のIT化を内から支える社内SEへの期待も変化しています。社内SEを取り巻くこれらの概況の変化に対応し、社内SEも変わらなければいけない、ということです。

しかし、人には変化できる人と難しい人がいます。特に、これまで何年も旧来の社内SEとして活躍してきた人は、過去の成功体験が変化を邪魔します。社内SE 1年生は、先輩・同僚社内SEには変化していない（できない）人もいることを認識しつつ、社内教育や先輩の知識に触れ、自分で考えて吸収していく必要があります。

図1-5 ITトレンドの変化と、何を誰から学ぶかの重要性

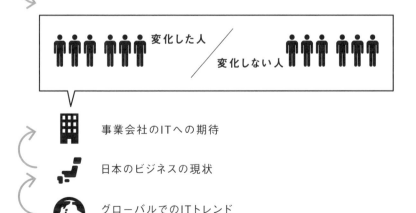

自社のIT投資意欲を
認識する

自社のIT投資意欲

　企業のIT化推進アクセルの踏み込み具合は、自社のIT投資に対する考え方と利益に対する投資金額の割合で理解することが可能です。

　一見、社内SE 1年生にとっては関係が薄いと思うかもしれませんが、大いに関係があります。自社のIT投資意欲は、あなたが経験する可能性の大小を左右します。もしIT投資に積極的な企業であれば様々なチャレンジの機会に恵まれるはずであり、反対であれば機会が限定的である可能性があります。

　そのため社内SE 1年生は、所属するIT部門の状態、向かう方向性、アクセルの踏み具合の理解が必要です。アクセルの踏み具合はIT投資額比率で判断する場合もあります。一般的には、IT投資額比率は売上高の1%といわれています。実際には業界・業種、企業の成長ライフサイクル（成長・成熟・衰退）なども関連し一概に判断することは難しいのですが、目安にはなります。

伝統的なIT投資と新しいIT投資

　自社IT部門の方向性を見るには、伝統的なIT投資と新しいIT投資の理解が必要です。IT投資額が多い企業でも、必ずしも新しいIT投資に積極的というわけではありません。投資する領域により、新しいIT（攻めのIT）への期待や投資意欲があるのかを判断する1つの目安になります。

図1-6　伝統的なIT投資と攻めのIT投資

	伝統的な IT 投資	攻めの IT 投資
目的	コスト削減	売上、付加価値の向上
傾向	どちらかというと安全第一	どちらかというとスピード優先
対象領域	バックエンド	フロントエンド
スタイル	ウォーターフォールが多い	アジャイル、DevOps が多い

■ 組織図から読み取れること

自社のIT推進意欲は組織図から推理することも可能です。図1-7の左側は、総務部の中に1機能として情報システム課が存在するケースです。企業によっては経理部の中に存在することもあります。このような場合にはCIOは存在せず、企業におけるITの意識や投資意欲は低い傾向にあります。

一方、右側の組織図はIT部門のトップにCIOを配置し、専門的な立場からIT戦略とその実行を推進していきます。経営者の明確なIT化の意欲が感じられます。

さらに、IT部門内の構成からCIOの攻めのIT投資や伝統的なIT投資への意識も理解が可能です。例えば、もし図1-7にDX推進組織などが存在する場合は、攻めのIT領域に積極的に対応する意思がくみ取れます。

図1-7　組織図から測るIT推進意欲の傾向

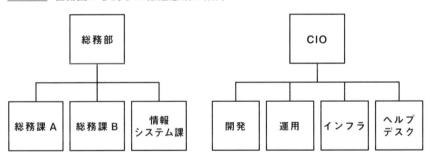

自社のIT投資意欲や方向性がわかっても特に意味がないのでは？　と思うかもしれませんが、この違いがわかることで、自社で学べること、学べないことを理解できます。自社で学べないことは外部から情報収集し学び、自社で経験できないことに興味がある場合は将来的に転職など検討できます。

本書は、社内SE 1年生に求められる基本ルールに焦点を当てています。そのため、IT推進に積極的な組織でも、そうでない組織でも、どんな現場でも生かせるスキルを身につけることができます。

社内SEとIT業種・職種との関係を把握する

⬛ IT業界・IT業種

　社内SEはIT業界には属さず、事業会社の業界や業種に属するSEです。社内SEはIT業界・業種の様々な人たちの協力を得て業務を遂行します。そのため、IT業界・業種の構造を理解することが必要です。

　IT業界も他のビジネス同様にB2CとB2Bの2つが存在します。B2CをWeb系、B2BをSIer系と分類可能です。Web系はGoogle、Amazon、LINEヤフーといったインターネット企業で、消費者に直接関連するビジネスのため知名度の高い企業が多くなります。

　SIer系の企業例は、日立、野村総研、アクセンチュアなどです。主に受託でシステム開発やコンサルティングサービスを提供する企業です。社内SEが関与するのは自社ビジネスを支えるIT基盤の構築がほとんどのため、主に関連するのはこのSIer系企業です。

⬛ 社内SEとIT業種の関係性

　IT業界は5つの業種に分類されます。それぞれの特徴や社内SEとの関わりを解説します。図1-8から、どのような場面で、どの業種の人たちから支援を受けてIT施策を推進するのか、おおよその感覚をつかんでください。

図1-8 IT業界の5分類

業種	社内SEの関与例	企業例	サービス内容
インターネット／Web	自社への Web サービス活用	Google Amazon LINEヤフー	自社 Web サイトを利用しサービスを提供。
通信	自社ネットワーク回線の契約	NTT ソフトバンク KDDI	通信サービスのインフラを提供。

ソフトウェア	パッケージソフトの契約	Microsoft Oracle	パッケージソフトの開発や販売後のサポートサービスを提供。
ハードウェア	サーバー購入のための見積もり依頼	日立 東芝	ハードウェアの開発や販売後のサポートサービスを提供。
情報処理サービス	システム構築プロジェクト	NTTデータ アクセンチュア	システム開発の企画から運用まで、受託開発やコンサルティングサービスを提供。

　例えば、システム開発では誰とやりとりし、ハードウェア購入時にはどの企業と対話が必要か、といった構図を理解できます。社内SEが所属する事業会社は、ITを活用し商品やサービスを提供するため、必要となるIT技術を自社で構築するか、図1-8のIT業種の人たちから商品やサービスを調達することになります。

■ 社内SEとIT職種の関係性

　IT業界・業種とあわせてIT関連職と、その役割の定義も押さえておきましょう。図1-9は、社内SEに特に関連する職種です。プロジェクトなどで様々なタイトルの方と接する際に、相手に期待できる領域を理解してコミュニケーションを取るために知っておく必要があります。

図1-9　**社内SEに関連するIT職**

名称	内容
システムエンジニア	ソフトウェアを設計し、プログラムの仕様を検討する。広義でIT関連職全てを指して使われる場合もある。
ITコンサルタント	ビジネス上の課題をITで解決する方法を提案する。
ネットワークエンジニア	ネットワークの設計、構築、運用を行う。
セキュリティエンジニア	情報セキュリティに関連した業務を行う。
プログラマー	設計、仕様に基づきコーディングを行う。
テスター	コーディングされた仕組みの品質を検証する。
ITプロジェクトマネージャ	プロジェクト全体を管理・推進する。

SIer SEとSESについて理解する

SIer SE、社内SE、SESの違い

IT業界と、その仕事の役割例を解説しました。社内SE 1年生はこれに加え、広義で表したシステムエンジニアを細分化し、SIer SE、社内SE、SES（System Engineering Service）の違いも認識することが必要です。SESは正式には雇用形態を指す言葉ですが、客先常駐するSEを指す言葉として慣習的にIT界隈に定着しています。

図1-10 **SIer SE、社内SE、SES**

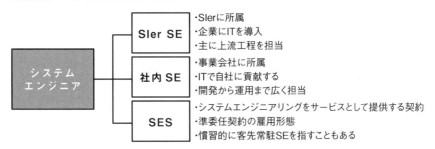

社内SEとSIer SE、SESのプロジェクト例

プロジェクトの大小や企業文化にもよりますが、一般的に社内SEはSIer SEやSESの協力を受けてシステム構築や運用保守を実施します。多くのケースで、新システムの開発はSIer SEに業務を依頼します。既存システムのエンハンスメントは、既存システムの運用保守を担うSIerやSESに相談し進めるケースが多いです。

比較的大規模なシステム構築を実施する際に、どのようにSIer SEやSESと協業し進めるのかの構図を示したのが図1-11です。この例では、社内SEはシステム構築をSIerに依頼し、SIerがSESへ業務支援を再委託しています。

①社内SEが企画を元にSIerにシステム化を依頼

社内企画をベースに大手SIerなどに依頼します。

②大手SIerは案件を受託し、必要に応じて下請けに支援を依頼

大手SIerが一次請けとなりプロジェクトチームを編成します。自社でリソースが不足する場合にはリソース提供を外部SIerに依頼します。場合によっては、そのSIerがさらに外部に依頼する場合もあります。

③SES提供SIerは依頼に応じてリソースを提供

依頼を受けたSES提供SIerは依頼元が必要とするリソースを提供し、プロジェクト支援を行います。

④大手SIerは製品やサービスを依頼元に納品

編成したプロジェクトチームでシステム構築を実施し、完成後、依頼元である社内SEへ納品します。

⑤事業会社は大手SIerに支払い

社内SEが検収後、契約に基づき大手SIerに支払いをします。

⑥SES提供SIerは提供サービス分の支払いを受領

大手SIerは契約に基づきSES提供SIerに支払いを行います。この支払いは、④の完成とは関係なく支援を受けた業務に対し行われます。

図1-11 社内SE、SIer SE、SESの協業例

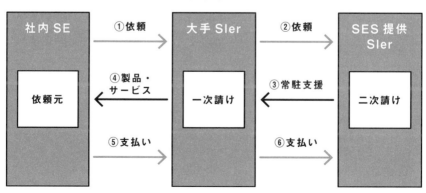

企業のIT投資の構図を理解する

企業活動とIT投資

　社内SEは事業会社のIT専門家ですから、IT施策が自社のビジネスとどのように関連し貢献するのか理解が必要です。直接的に作業をする領域はシステム構築、インフラ構築、運用保守です。社内SEに求められる貢献は、その作業領域で最高品質のシステムを導入することではなく、システムを通してビジネスに価値をもたらすことです。

　社内SE 1年生は、自社の製品・サービスが利益を上げ、そこで得た資金を再投資する流れとIT投資の関連性を理解する必要があります。事業会社はビジョンやミッションに基づきお客様に商品・サービスを提供し、社会貢献を実現します。商品・サービスを提供する見返りとしてお客様から金銭を受領します。受け取った金銭が売上です。そこから様々なコストを引いた差分が利益です。この利益は留保したり、株主に還元したり、再投資などに活用します。

図1-12　企業活動と再投資

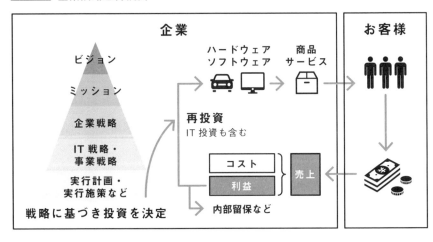

　企業は利益の一部を、企業戦略に基づきビジネス継続や拡大のために再投資します。この再投資で、さらなるコスト削減や売上拡大を目指します。

■ そもそもの目的を見誤らない

　社内SEが携わる活動は、利益の一部を何らかの目的で利用する再投資プロセスの1つとなります。企業活動の再投資プロセスはビジネスの基礎です。

　この基礎の理解が不足すると、プロジェクトの目的がシステムを構築することやインフラを構築することという誤った解釈の原因になります。ITソリューションはビジネス目標達成の手段の1つに過ぎません。

　例えば、ある業務領域を改善したいとき、現在の自社システムは30年前の仕組みが導入されているためモダンなソリューションを導入する選択肢がありますが、一方でその業務自体を外部に委託してしまうという選択肢もあります。

　もっとも、社内SE 1年生が参画するプロジェクトの目的を毎回適切に推測するのは難易度が高いかもしれません。そこで、社内SEが関与するプロジェクトのよくある狙いや目的を図1-13にまとめました。参画プロジェクトのそもそもの目的を推測し、求められる貢献を実現する手がかりにしてください。

図1-13　起案部門別のプロジェクトの目的例

起案部門	プロジェクトの目的	売上アップ	コスト減	その他
事業部門	新規顧客獲得のためのシステム改修	✓		
	新規ビジネス立ち上げのためのシステム導入	✓	✓	
	M&A に伴うシステム連携	✓	✓	
業務部門	運用業務改善のためのシステム改修		✓	
	業務効率化のための新システム導入		✓	
	法定要件に伴うシステム改修		✓	✓
IT 部門	システム老朽化対応			✓
	ハードウェアアップデート作業			✓
	セキュリティ対策			✓

2つの雇用の形を
把握する

■ 雇用形態による違い

第1章の最後に、雇用形態に関して解説します。雇用形態の理解は、今配属されているIT部門で社内SE 1年生に期待される仕事内容や、今後アサインされる業務に深く関連します。雇用形態にはジョブ型とメンバーシップ型があり、それぞれ特徴があります。

図1-14 ジョブ型雇用とメンバーシップ型雇用

	ジョブ型雇用	メンバーシップ型雇用
特徴	海外企業で見られ、近年は日本企業でも導入され始めた雇用形態。仕事の役割を定義し、そこに必要な人材を付ける。この雇用形態のIT組織では、システムの企画、開発、インフラ、運用などでそれぞれが専門性を持つ。	従来からの日本の雇用形態。人に仕事を付ける。この雇用形態のIT組織では、新卒を一括採用し、不足する部署に配置する。また、異動によってスキルを身につけさせる。
職務内容	限定的	非限定的
採用	中途採用がメイン	新卒一括採用がメイン
評価	スキル、実績	勤務態度、勤続年数
人の流動性	高い	低い

ジョブ型の企業では、スキルや実績のある転職者を即戦力として採用する傾向があります。

本書を手にしたあなたが所属する企業は、おそらくメンバーシップ型雇用を採用していると推測します。メンバーシップ型雇用は、新卒者を採用し様々な経験を積ませて成長させる雇用モデルです。この雇用形態で社内SEをスタートした場合のメリットは、ITバックグラウンドがそこまででない人でも経験を積み、ステップアップができる点です。また、ジョブ型と異なり特定の専門領域にとどま

らず広く知識や経験を養うことができます。社内SEとして経験を積み、ジョブ型を採用する企業やSIerへの転職を視野に入れることも可能です。ここでのポイントは、例えば転職する際に社内SEの求人があったとして、ジョブ型雇用の社内SEの役割とメンバーシップ型雇用の社内SEの役割では、求められている役割が異なる点です。この違いを認識し、あなたに何が期待されているのか理解が必要です。

本書では、メンバーシップ型雇用で働く社内SE 1年生の役割を解説します。第2章では、社内SEに求められるスキルを解説し、第3章では社内SE 1年生が担当することが多い運用保守業務や、どのプロジェクトでも共通のプロジェクトマネジメントを解説します。第4章以降では、システム構築プロジェクトにおける工程ごとのノウハウを解説します。

■ 社外情報収集の必要性

社内SEが仕事で一番多くの時間をともにするのは、SIerでも自社の事業部門でもなく同僚や先輩です。彼らから教えてもらえる情報は、先輩の経験と実績に基づき、社内の文化に対応した実践で生きる知識、ノウハウです。これを学ぶことは、あなたが担当する業務で貢献することに役立ちます。さらに、情報をもたらしてくれる人と評価者はほとんどの場合、同一人物のため、その人の期待もあわせて理解することで評価にも直結しやすい傾向があります。

一方で、社内で流通する情報は陳腐化しやすいという点もあります。IT技術はグローバルで日進月歩ですから、日々成長するIT技術と比較すると社内で流通する情報は陳腐化しやすいです。したがって、社内SE 1年生のうちから内部情報の特徴と社外情報の必要性を理解し、精査と情報収集の意識を持つことが重要です。

本書で解説するノウハウは基礎知識であるため陳腐化しにくいですが、一方で最新IT技術やトレンドはアンテナを広げ情報収集することが必要です。以下の筆者が運用するブログでは、社内SE 1年生に役立つIT系のセミナーなどを紹介しています。参考にしてみてください。

ブログ **IT Comp@ss**
社内SE・情シス初心者必見！おすすめ勉強会・研修・セミナー
https://itinfoshop.com/se-seminar/

第1章の まとめ

第4次産業革命で加速するITの重要性。さらに新型コロナのパンデミックでIT化が"必要"から"必然"に変化。

第4次産業革命と国内の少子高齢化によりIT需要が増加し、社内SEが活躍するチャンスが拡大中。

組織図から自社のIT化の現状を認識できる。自社のIT推進アクセルの踏み込み具合から期待されていることを理解し貢献を狙う。

社内SEの守備範囲が変化している。伝統的なコスト削減だけではなく、売上拡大や付加価値創出にもITはなくてはならない存在に。

社内SEは事業会社に所属。IT業界・業種のことを理解し、SIerらと協業して自社のIT深化に貢献する。

ITソリューションはビジネス加速の1つの手段。社内SEは、ビジネスのそもそもの目的を理解し、ITで価値創出に貢献する必要がある。

社内で流通する情報や先輩の知識は即効性あり。ただし情報の陳腐化に注意。社外での情報収集にもアンテナを広げバランスを取る。

第 **2** 章

求められるスキル

社内SE基礎	システム構築
第1章 社内SEを取り巻く概況	第5章 プロジェクト起案
第2章 求められるスキル	第6章 プロジェクト立ち上げ
第3章 運用保守とプロジェクト管理	第7章 要件定義
第4章 システム構築とは	第8章 基本設計と開発
	第9章 システムテスト
	第10章 移行
	第11章 リリースと運用

Intro ≫≫≫

実践で役立つスキルと考え方

第2章で解決できる疑問

- 仕事で成果を上げるためには何が必要？
- 社内SE1年生が身につけるべきスキルは？
- お勧めのITスキル勉強方法は？

□ 社内SEに必要なスキル

　社内SE1年生が現場で貢献するためには何を学ぶかも重要ですが、何から学ぶかの優先順位はもっと重要です。勉強できる時間は有限ですから、現場で即使えるスキルから身につける必要があります。

　そこで有効なフレームワークとなるのが、アメリカの経営学者ロバート・カッツ氏が提唱したカッツモデルです。図2-1は、カッツモデルをベースに社内SE1年生向けにアレンジを加えたものです。

図2-1　社内SE1年生にとってのスキル割合のイメージ

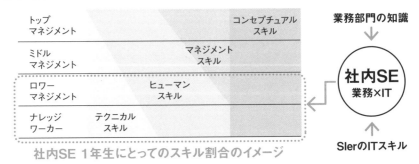

成果を上げる構図の理解も重要です。成果を上げるためには、着実なスキルアップと、何を優先して行うかの戦略・戦術の両方が必要です。いくらスキルアップを頑張っても、成果につながらない行動、役に立たないスキル（戦術）では一向に成果になりません。

図2-2 成果を上げる構図

□ 第2章の内容

第2章では、スキルはもとより、どのように成果につながる戦略を立てるかも解説します。カッツモデルのテクニカルスキル、ヒューマンスキル、コンセプチュアルスキルの構成要素と、社内SE 1年生が現場で活用できるいくつかのスキル要素をピックアップします。マネジメントスキルに関しては、社内SE 1年生が管理を任せられるタスクの視点から簡単に触れます。

図2-3 第2章の内容

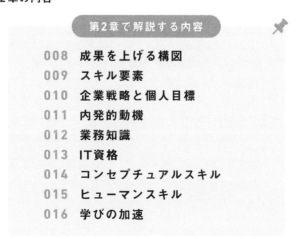

第2章で解説する内容

- 008　成果を上げる構図
- 009　スキル要素
- 010　企業戦略と個人目標
- 011　内発的動機
- 012　業務知識
- 013　IT資格
- 014　コンセプチュアルスキル
- 015　ヒューマンスキル
- 016　学びの加速

成果を上げる構図を
理解する

▨ 成果を上げる構図

　スキルばかり上げても成果につながりません。成果を効率的に上げるためには、スキルアップと成果の関連性の理解が必要です。

図2-4 **成果を上げるための要素**

要素	内容
戦略	全社や部署ごとの戦略と個人目標の2つがある。組織では、全社的なビジョンや方針が組織構造の上から下に細分化されていく。個人目標は、何を成し遂げたいかを決めること。
動機	動機には、外発的動機と内発的動機の2つがある。外発的動機は報酬や罰則などでモチベーションを維持するが、一時的となる傾向がある。夢や志が内発的動機で、外発的動機よりも維持しやすい。
社内外行動	学びにつながる、社内や社外で行われるセミナーや勉強会など。また、社内での定常業務やプロジェクト。
戦術	知識やスキルなどHowを助ける要素。
評価、経験	社内外で実行される行動は、全て何らかの評価や経験となる。

　図2-5では上段に組織での活動、下段に個人での活動を表現しています。成果を上げるためには行動が必要です。行動の質を上げるためには知識、スキルといった戦術が必要です。質の高い行動を実現するためには内外の動機が必要です。そして、成果につながらない行動の優先度を下げ、成果につながる行動から優先するためには個人目標や組織の戦略理解が求められます。

◼ 成果を上げるステップ

具体的なステップに分解してみましょう。

▼戦略に基づき、あなたが社内外で実施する行動に優先順位を割り振る

社内SE 1年生の場合、上司などからプロジェクトや作業依頼が降ってきます。降ってくるまま何も考えずに実行していては、成果の薄い仕事や本来やるべきではない仕事に時間を費やしてしまうリスクがあります。

▼降ってくる業務にあなたなりの動機を紐づける

仕事の質を上げるために、降ってくる仕事にあなたなりの動機を紐づけます。より高い志の動機の紐づけはモチベーションの維持につながり、仕事の質を上げます。

▼スキルを身につけ活用する

スキルによって仕事の効率や品質が上がります。

▼経験、成果を学びや評価に変える

経験を体系化し、経験を学びに変えます。経験を振り返ることで、新しい価値観や考え方により志が更新されます。同時に、成果は次の戦略を編み出すことや組織での評価につながります。

図2-5 成果を効率的に上げる構図

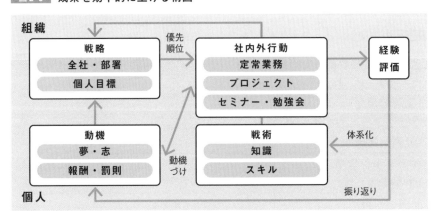

求められるスキル要素を理解する

テクニカルスキル（業務遂行能力）

　図2-1に示したスキルについて解説します。テクニカルスキルは、日々の業務を遂行するために必要な知識や技術など、現場ですぐに活用できるスキルです。

図2-6 テクニカルスキル（業務遂行能力）の例

スキル要素例	内容
IT 業界知識	IT 業界におけるトレンド、関係性、サービスなどの知識
IT テクニカルスキル	アプリケーション開発、インフラ、運用保守、マネジメントなど様々な知識
業界知識	自社が所属する業界の専門的知識
業務知識	自身が担当する社内業務領域の知識
ビジネス理解力	ビジネスモデルの理解など、ビジネスを IT で支援するために必要な理解力

コンセプチュアルスキル（概念化能力）

　物事の本質を的確にとらえ、課題を効果的に打開するために必要なスキルです。

図2-7 コンセプチュアルスキル（概念化能力）の例

スキル要素例	内容
ロジカルシンキング（論理的思考）	物事を原因と結果に分け、順序立てて理解する思考
クリティカルシンキング（批判的思考）	前提や既成概念に縛られずに、根本の " そもそも " から検討する思考
ラテラルシンキング（水平思考）	一方向からだけでなく、物事を自由な広い視点で考察する思考
多面的視野	多面的な角度から考察すること

俯瞰力	高い視点から全体を見る能力
知的好奇心	知らないことに関心を持ち、知ろうとする姿勢
探究心	興味を持って掘り下げる姿勢
受容性	異なる価値観や意見を受け入れる姿勢
柔軟性	予想外の出来事に臨機応変に対応する姿勢
チャレンジ精神	不透明な状況に立ち向かう姿勢
洞察力	見えない部分まで推察して物事の本質を考える能力
先見性	目先から時間軸を伸ばして考える能力

■ ヒューマンスキル（対人関係能力）

　良好な人間関係を築き、保つことができるスキルです。関与する様々な人々との間で調整を図り、物事を進めたい方向に進めるために必要なスキルです。

図2-8　ヒューマンスキル（対人関係能力）の例

スキル要素例	内容
コミュニケーション力	円滑に会話したり、相手に自分の意思を伝える能力
ヒアリング力	相手の意見を聞き、考え方を理解する能力
交渉力	意見交換によって望む方向に事態を推進する能力
動機づけ	相手の意欲を引き出す能力
向上心	物事を前向きにとらえ、上を目指す姿勢
プレゼンテーション力	自分のアイデアや考えを論理的に伝える能力
リーダーシップ力	組織を引っ張っていく能力
コーチング力	目標達成を助けるアドバイスをする能力

■ マネジメントスキル

　マネジメントに必要なスキルは、テクニカルスキル、コンセプチュアルスキル、ヒューマンスキルの様々な要素が関連します。管理する対象はヒト・モノ・カネ・情報です。職位が上がれば上がるほど管理する対象や金額が増加し、マネジメントのために考慮する依存関係が複雑化します。社内SE 1年生が依頼されるマネジメント対象は、定常業務やプロジェクトにおける限られた範囲です。

企業戦略と個人目標を
紐づける

企業戦略と個人目標

　社内SE 1年生が成果を上げるためには適切な目標設定が重要です。定めた目標が企業戦略との紐づきが浅い場合、作業結果が成果につながりにくく評価にもつながりません。成果を上げるためには、企業戦略、組織目標を理解し、その意向をくみつつ自身の夢や志に関連させることがポイントです。

　企業は、自社の掲げるビジョンや目的を達成するための手段として事業活動を営んでいます。それを達成するために戦略から目標に落とし込みをして活動します。本来はこのように戦略が具現化され機能します。しかし、社内SE 1年生の場合、上司から降ってくる依頼が抽象的でよくわからないという課題を抱えることがあります。社内SE 1年生は、なぜこのような曖昧な依頼が降ってくるのかを考え、それに対応することが必要です。

図2-9　企業戦略と個人目標の関係

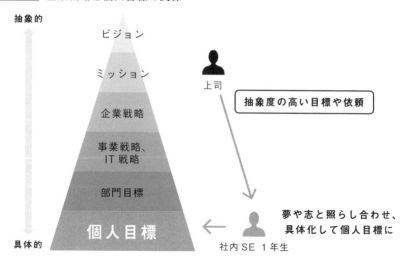

　企業が掲げるビジョンやミッションは抽象度が高く、それを目標に落とし込み具体化します。したがって、個人の計画などに比べて上司から依頼される仕事は、そもそもある程度抽象的であるのは仕方ありません。これを具体化して個人目標にしていく作業はむしろ健全です。個人レベルに落とし込んだ目標を上司とすり合わせ、活動を通して組織への貢献を行います。

　上司から示される方向性があまりにも抽象的だったり、そもそもなかったりする場合、それはあなたの問題ではなく上司の問題です。気にとめる必要はありません。あなたが上司の立場になったときにそうならないようにどうすればよいかを考える学びの機会ととらえましょう。

個人目標の設定

　個人目標に持っていく際に、自身の夢や志と掛け合わせることも重要です。この点を意識するだけで、企業活動を通して将来なりたい自分に近づくことができるからです。例えば、老朽化した倉庫システムをリプレイスし安定稼働を担保するという組織目標があったとします。それを受け、あなたはその倉庫システムを10月までにリプレイスするという個人目標を設定したとします。それで問題ありませんし、成果にもなるでしょう。しかし、それにとどまらず、あなたの3年後の目標を倉庫業務に関して有識者になるとしているなら、リプレイス案件を通して既存倉庫業務を意欲的に学ぶように仕向けることができるはずです。

　もし自身の目標との紐づけがなければ、倉庫業務知識の広がりは生まれず、単にシステムを最新バージョンへアップデートする作業で終わってしまうかもしれません。企業活動と自身の夢、志を紐づけることで成果と成長につなげることができます。

インプット＋プロセス

　夢や志は、外部情報をインプットしプロセスすることで見つけることができます。夢や志は道端に偶然落ちておらず、インプットしプロセスした結果です。

　夢や志がない、わからないなら、インプットとプロセスのいずれか、もしくは両方を改善する必要があります。業務を通して上司や先輩の姿から夢や志を発見することもできますが、自社で得られる経験には限りがあり、大抵インプットが不足します。35ページで触れたように、社外情報を意欲的に収集しインプットを増やすことをお勧めします。

内発的動機で
行動の質を上げる

適切な動機づけ

イソップ寓話で、ある旅人が、とある町でレンガを積む作業をしている3人の職人と出会いました。旅人は3人の職人に、「ここでいったい何をしているのですか？」と1人ずつ尋ねました。

1人目のレンガ職人は「見ればわかるだろう。レンガ積みに決まっている」と答え、2人目のレンガ職人は「大きな壁を作るのが俺の仕事だ」と答え、3人目のレンガ職人は「ああ、俺たちのことかい？　俺たちは歴史に残る偉大な大聖堂を作っている」と答えました。

3人の中で誰が意識高く集中して作業し、将来的に成長しそうなのか明らかでしょう。この3人の違いは、動機づけの違いです。依頼された仕事は同じでも、どんな動機を紐づけたかが異なります。高い視点の内発的動機を紐づけることで、モチベーションを上げ行動の質を上げることができます。

内発的動機と外発的動機

社内SE 1年生に割り振られる仕事には、意味や意図が明確に説明されないものもあります。もしくは、そもそも狙いなんてないこともあるかもしれません。

降ってくる仕事は変えられなくても、その解釈を変えるだけで状況は変わります。重要なのは、あなたの夢や志に関連のある仕事がやってくることではなく、やってくる仕事に動機を紐づける考え方です。この考え方があれば、どんな仕事を依頼されても、動機を紐づけず仕事をしている人より行動の質を上げることができます。

動機には、内発的動機と外発的動機の2種類があります。それぞれの違いを理解しておきましょう。

図2-10 動機の違い

動機の種類	内容	特徴
内発的動機	夢、志、目標などの内面的な要因によって生まれる動機	持続しやすい
外発的動機	報酬、評価、罰則など外部からの働きかけによって生まれる動機	一時的な傾向

　外発的動機との紐づけを否定するわけではありません。しかし、外発的動機だけでなく内発的動機も紐づけることでモチベーションを維持し、より仕事を楽しみながらできる傾向があるのは確かなことです。

■ 動機の見つけ方

　3人目のレンガ職人のように高い視点の動機を紐づけることで、より高い意識で仕事に取り組むことができます。知識と経験を蓄積し、外部からの情報により視点を高くしていく方法が王道です。しかし、その方法では社内SE 1年生は知識と経験が不足するためすぐに活用できません。社内SE 1年生がすぐにできる、高い視点を持つための思考方法を解説します。

▼多面的視野、俯瞰力

　自分視点だけではなく、経営者、上司、お客様など異なる視点から俯瞰して検討します。目の前の状況を、あの人ならどう考えるか想像することで活用できます。

▼抽象化思考

　物事の本質をとらえるために、あえて情報を削ぎ落とし検討します。

　つまり、違う角度で目の前の仕事を見ることができるようにするということです。例えば、上司からSIerとのキックオフ会議への参加と議事録の送付を依頼されたとします。依頼内容そのままの解釈では上記のとおりですが、これをプロジェクトオーナー視点でとらえると、数十年続けている業務モデルとシステムを刷新し、次世代の業務モデルを構築するためにSIerとのパートナーシップ構築のDay1に参加した、と認識できるかもしれません。同じ経験でも状況を俯瞰し抽象化することで、より高い視点で物事を解釈できるようになります。

業務知識を身につけ、ビジネスに貢献する

▦ 業務プロセス知識

テクニカルスキルを業務知識とIT知識に分けて解説します。まずは業務知識です。必要となる業務知識は、あなたが所属する企業の業界や業種で異なります。図2-11は、自社で製品設計を行い、製造・販売する製造業における業務プロセスとシステムのカバー領域です。

企業には、製品を設計開発するエンジニアリングチェーンのプロセスと、部品などを調達し製造・販売するサプライチェーンの2つの軸があります。製品を企画し施策を検討し、販売可能となれば製造現場で量産を開始します。このように自社の業務プロセスの全体感の理解がまずは必要です。

図2-11　製造業の業務プロセス

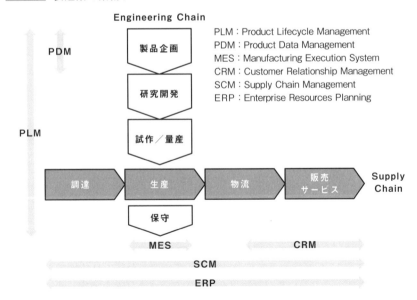

頻出の経営手法

図2-11のような業務全体感は、入社時のオリエンテーションなどで説明を受けるものです。自社の業務全体感に加えて、社内SE 1年生はシステム構築でよく耳にする経営手法の理解も必要です。図2-12は、それぞれの用語の概要と対応するシステム例をまとめたものです。

図2-12 経営手法と関連ベンダー名の例

経営手法	内容	ベンダー名
CRM ／顧客関係管理 **(Customer Relationship Management)**	顧客満足度と顧客ロイヤルティの向上を通じて、売上の拡大と収益の向上を目指す手法。	Oracle Microsoft Salesforce Adobe
ERP ／企業資源計画 **(Enterprise Resources Planning)**	経営資源の有効活用の観点から企業全体を統合的に管理し、経営の効率化を図る手法。	SAP Intuit Oracle
MRP ／資材所要量計画 **(Material Requirements Planning)**	工場などで使われる生産管理手法の1つ。この概念を発展させ、資材以外の人員、設備など製造に必要な全ての資源、在庫、決済、資産の管理を行うようにしたのがERP。	
PLM ／製品ライフサイクル管理 **(Product Lifecycle Management)**	製品のライフサイクルを一元的に管理するための手法。	Siemens SAP Dassault
SCM ／サプライ・チェーン・マネジメント **(Supply Chain Management)**	製品開発、調達、生産加工、在庫管理、流通・販売を一元的に管理し最適化するための経営手法。	OMP Kinaxis o9 Solutions Blue Yonder

IT資格を活用する

■ IT資格

社内SEにとってのITスキル学習の難しさは、社内SEにジャストフィットする教材が少ない点です。まえがきで触れたように、日本のSEの多くがSIerに所属するため、SE向け教材もほとんどがSIer向けとなっているからです。

とはいえ、社内SEにはビジネスとITの両方が必要という点を認識し、SIer SE向けの学習をうまく利用してスキルアップすることは可能です。その1つが、SE向けのIT資格にそって学ぶことです。

この方法のメリットは、資格取得のために様々な教材が用意されていること、今後転職を検討する際、転職先企業によっては資格が有利に働く場合があることです。

SE向けIT資格には国家資格、ベンダー資格、民間資格があります。

▼国家資格
試験の管轄は経済産業省。一般的なIT知識を得られるのが特徴。

▼ベンダー資格
AWSやMicrosoft Azureなどベンダーが管轄する資格。特定領域に特化した資格で、現場ですぐに使いやすいのが特徴。

▼民間資格
国家資格とベンダー資格の中間的な位置づけ。LinuxのLPICのように民間のベンダーニュートラルな組織が認定する。

■ お勧めのIT資格

代表的な資格一覧を図2-13に示します。基礎のITスキルから始め、自社で利用

しているクラウドやSaaSなどのベンダー資格を勉強するのが効率的です。

　もし自社で利用しているクラウドサービスがわからない場合は、AWSと
Microsoft Azureの勉強がお勧めです。この2つでクラウドのマーケットシェアの
6割程度をカバーしています。他には国家資格の基本情報技術者試験とプロジェ
クトマネージャ試験の勉強です。

　注意点は、資格にそって勉強しついでに資格を取得するということです。社内
SEには必須の資格はありません。重要なのは資格取得にのめり込むことではな
く、知識、スキルの習得です。手段が目的にならないようにしましょう。

図2-13 **IT資格の基礎、応用分類**

ユーザー系国家資格	ベンダー資格	技術系国家資格

基礎	IT パスポート	AWS 認定資格	基本情報技術者
	情報セキュリティ マネジメント	Microsoft Azure 認定資格	応用情報技術者
応用		ORACLE MASTER	データベース スペシャリスト
		Oracle 認定 Java プログラマ	ネットワーク スペシャリスト
		GCP (Google Cloud Platform) 認定資格	プロジェクト マネージャ
		CCNA (Cisco Certified Network Associate)	IT ストラテジスト
			システム アーキテクト
			システム監査技術者

コンセプチュアルスキルで
課題を解決する

■ お勧めのコンセプチュアルスキル

42ページの図2-7に示したように様々なコンセプチュアルスキルが存在しますが、その中で社内SE1年生に特にお勧めの5つを挙げます。

- ・ロジカルシンキング　・クリティカルシンキング　・ラテラルシンキング
- ・多面的視野　　　　　・俯瞰力

これらが特に有効な理由は、社内SEの仕事は日々課題解決が求められるからです。自社ビジネスが直面している課題、システム障害の課題、ユーザーの不満の解決が必要です。課題を解決するために状況を整理し分析し、打ち手を様々な角度からひねり出すのに上記のスキルが有効です。

■ コンセプチュアルスキル活用例

例えば、システム画面にデータが反映されない状況があったとします。この状況でラテラルシンキングや多面的視野を活用し、事象を別角度からとらえます。すると、図2-14のようにシステムバグに限らず、ユーザーのミスなど様々な他要素も事象の原因として抽出することができます。エラー1つを取ってみても、多面的に複数の可能性を模索することが可能になります。

また、クリティカルシンキング、抽象化思考、ロジカルシンキングを活用し、根本原因へと深堀りしていきます。さらにラテラルシンキングも組み合わせれば、原因を異なる時間軸で整理できます。

思考の深堀りにはある程度は過去の経験や知見が必要になりますが、コンセプチュアルスキルの使い方を理解できれば、様々な角度から事象を検討したり、抽象度を操作し検討を促すことが可能です。

図2-14でいえば、システムバグという課題の原因を、AWS障害、アプリ不具合、

データ問題と多面的思考で洗い出しました。そこから事実を元に、実装間違いがあったことを特定します。実装間違いの原因は、多面的思考で担当者の品質NG、テスト不足、開発のコミュニケーションミスと掘り下げます。さらにロジカルシンキングとあわせ、現在、過去、未来の切り口ですべき行動の特定までしています。

図 2-14　課題とコンセプチュアルスキル

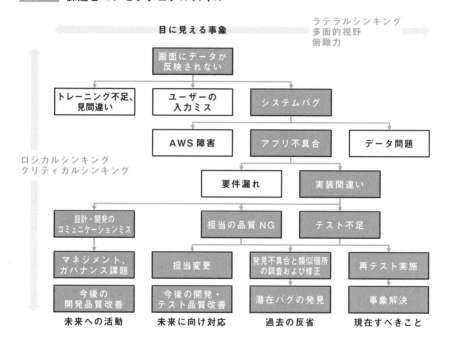

■ コンセプチュアルスキルの鍛え方

　コンセプチュアルスキルを高める簡単な方法を紹介します。それは、社内外のすごい考え方をする人をまねることです。多面的視野の簡易バージョンといえるかもしれません。仕事をしていれば自分とまったく違う視点で状況をとらえ、分析する人が1人や2人はいるはずです。その人が導き出した考え方を発言などから推測するようにし、あなたが課題に直面した際に、一度自分で考えたあと、「あの人ならどう考えるか？」と思考してみましょう。思考をまねる人を1人、2人と増やすことで、さらに多面的に考えられるようになります。

ヒューマンスキルで
人間関係を円滑にする

▨ 社内SE 1年生にとってのヒューマンスキル

　社内SEは大勢の人たちと協力して仕事を進めます。良好な人間関係を構築しながら仕事を楽しく進めるためにヒューマンスキルは必須です。ヒューマンスキルのコミュニケーション力やヒアリング力は、即実践で役立つスキル要素です。しかし、ここではあえて社内SE 1年生が押さえておくと最も有効なものとして「顧客視点」と「相手への敬意」を取り上げます。

▨ 顧客視点

　例えば、システムリリース直後に障害が発生し業務部門が怒り心頭、SIerが戸惑っている状況に直面したとします。

▼コミュニケーション力、ヒアリング力にフォーカスし状況を打開するケース

　まずはヒューマンスキルのコミュニケーション力やヒアリング力を活用し、状況の打開を試みた場合は以下のようになります。

対業務部門：怒り心頭の業務部門をなだめつつ状況を理解する。業務部門は、当初想定していた機能とは違うことを障害と認識。

対SIer：対応に戸惑うSIerの言い分をヒアリング。SIerは受入テストまで実施して合意した機能のため、障害ではなく仕様どおりと認識。

対全体：社内SEのあなたは両者の言い分を理解し、お互いがコミュニケーションできるように仲介を実施。

　このようにコミュニケーション力やヒアリング力を上げることで状況をさばくことは可能です。しかし、ここで欠落してしまっているのが顧客視点です。

▼お客様の視点を考慮し状況を打開するケース

　障害なのか仕様どおりなのかよりも、まずは自社のお客様に迷惑がかからないよう何をすべきか関係者で議論し、最優先で暫定対応を実施。業務部門とSIer間の対応は止血が終わってから検討。

　顧客視点を持つことで、状況を取り持つよりも何が本質的なのかが明確になります。コミュニケーションやヒアリングにフォーカスすると、どうしても目の前の人の意見を大事にしてしまいます。そのためお客様の視点が欠落しがちです。

　プロジェクトには大勢の関係者が存在します。そのため、スキルが上がれば上がるほどスキルに振り回されます。そうなる前に、本来耳を傾けるべき顧客＝目の前にいない、何もいえないお客様の声に耳を傾けられるように意識を向けることが必要です。Amazonでは会議室の席を1つ空けて会議をすることがあるそうです。顧客視点を忘れないための戒めなのでしょう。

■ 相手への敬意

　もう1つ、社会人1年生から身につけたいヒューマンスキルが相手に敬意を払う姿勢です。今仕事で関係する周囲の人に、あなたは丁寧な対応ができているでしょうか？　おそらくほとんどの人がYESと答えるはずです。

　ちなみに、それはあなたより相手が年上だからですか？　それとも役職が上だからでしょうか？

　あなたが社会人として経験を積み、あなたのほうが年上になったり役職が上になったら、今のような丁寧な態度は必要ないのでしょうか。

　社会人1年生が、相手の年齢や肩書きを見て態度を決めるような変な癖をつけてはいけません。もしそうなら、あなたが年齢や役職が上になった際に、下の人に敬意を払うことができなくなります。肩書きなどは、ほとんどその会社でしか役に立たない長物です。そんなものより、どこにでも持っていける、どんな人にも対等に接することができるスキルのほうがあなたの人生を豊かにしてくれます。

　松下幸之助氏は、「人間誰でもダイヤの原石で、役職、身分に関係なく敬意を払い接するべきだ」といった言葉を残しています。社内SE 1年生の今だからこそ心してほしいことです。

学ぶためにまず時間を作る

■ 訓練（努力）の重要性

　哲学者ソクラテスは、人は才能だけでは決まらず、才能×教育×訓練の掛け算であると説いています。さらに、訓練なしでは、才能や教育は有効活用できるほど万能ではないといっています。教育はどちらかというと受け身の学びですが、訓練は努力と読み替えるとわかりやすく、自発的な学びです。この自発的な学びが成長につながりますが、現実問題、社内SE 1年生は忙しく時間を作ることができません。そこで第2章の最後に、どうやって時間を作り効率的に勉強するかを解説します。

図2-15　学ぶために必要な行動

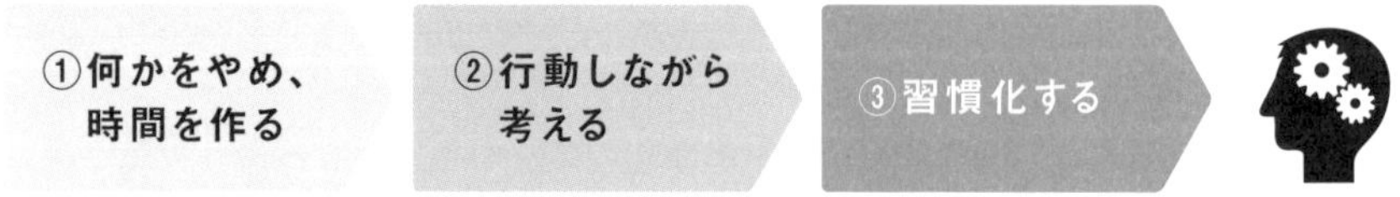

①何かをやめ、
　時間を作る　→　②行動しながら
　　　　　　　　　考える　→　③習慣化する　

①何かをやめ、時間を作る

　社会人1年生は、やるべきことややりたいことが山ほどあり時間がありません。時間を作り学べるようにするためには、何か新しいことを始める前に何をやめるかを決断する必要があります。人は一見何もしていない時間でも何かをしています。ゲームをしたり、お茶を飲んだり、ぼんやりしたりと何かしら行動しています。学びを始めるためには、何かをやめる時間を作らなければいけません。

②行動しながら考える

　行動を始める際の敵は初めの一歩です。先のことを考えすぎると、ついつい及び腰になります。お勧めは三日坊主をよしとする考え方です。三日坊主でも何もしないよりは3日分前に進むことができます。三日坊主を100回やったら、約1年

分、何もしなかった人より経験できます。行動してやめた場合のリスクを許容できるのならとりあえず行動し、行動しながら次の行動を考えることをお勧めします。考えてから行動しようと考えると、行動に移すことができません。

③習慣化する

　習慣は、仕組み（システム）構築です。1日や1週間の中に習慣を組み込んで学ぶ仕組みを設計します。例えば、月曜朝に図書館で本を借りて読む習慣や、金曜夕方に週の振り返りを行い体系化する習慣を組み込むといった具合です。仕組みが出来上がれば、あとは狙った成果が出るのを待つのみです。自分の行動を設計します。

　目安として、行動習慣（読書など）は1カ月継続することで習慣化できます。身体習慣（禁煙など）は3カ月、思考習慣（ポジティブ思考など）は6カ月継続すると定着するといわれています。初めのうちは辛いかもしれませんが、三日坊主でもよしと行動を開始し、1カ月継続を目標に習慣化を狙います。

■ 振り返りと体系化で学びを加速する

　同じ体験からより多くの経験値を得るためには振り返りと体系化が有効です。一度の体験を追体験できるだけでなく、体験を体系化することで類似する状況に適用できる汎用性の高い知見にできます。

　図2-16の例では、体験だけにとどめる人は、ある行動で10の経験を得ています。一方、体験の振り返りと体系化をした場合は、同じ10の体験から20を得ています。体系化は、抽象化思考を使い、汎用性を意識して経験の本質を抜き取ることで可能です。

図2-16　体験を再利用し経験値を上げる

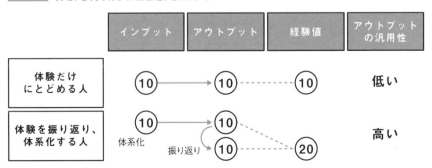

第2章の
まとめ

自社の戦略とアラインした目標設定と仕事の優先順位付けで、企業への貢献と個人の成長の両方を狙う。

社内SEにはテクニカル（業務、IT）、コンセプチュアル、ヒューマン、マネジメントの各スキルが必要。

業務のテクニカルスキルは、自社ビジネスや業務プロセスの理解で取得できる。

ITのテクニカルスキルは、IT資格にそった勉強で取得するのが効率的。ただし、社内SEは資格取得が必須ではない。

課題解決にはコンセプチュアルスキルが有効。様々な思考方法で課題分析、打ち手の検討ができる。

一般的なヒューマンスキルの他に、社会人1年生は「顧客視点」と「相手への敬意」が特に重要。

学ぶ時間は何かをやめなければ生まれない。継続して学ぶことは重要だが、それよりも三日坊主でも始めることはもっと重要。

運用保守とプロジェクト管理

社内SE基礎

第 **1** 章
社内SEを取り巻く状況

第 **2** 章
求められるスキル

第 **3** 章
運用保守と
プロジェクト管理

第 **4** 章
システム構築とは

システム構築

第 **5** 章
プロジェクト起案

第 **6** 章
プロジェクト立ち上げ

第 **7** 章
要件定義

第 **8** 章
基本設計と開発

第 **9** 章
システムテスト

第 **10** 章
移行

第 **11** 章
リリースと運用

Intro »»

社内SE 1年生の基礎業務

第3章で解決できる疑問

- 社内SEの業務の全体感は？
- 運用保守業務は何をすればいい？
- プロジェクトマネジメントは何をすること？

□ 業務全体感

社内SE 1年生が貢献するためには、会社員としての必要業務と社内SEとしての業務をソツなくこなせるようになる必要があります。

図3-1　社内SE 1年生の業務全体感

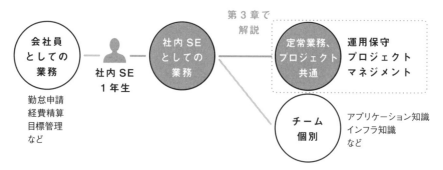

会社員として必要な業務は、勤怠申請、目標管理といったどの仕事でも必要なもので本書では割愛します。

社内SEとしての業務は、定常業務、プロジェクト業務共通のものとチーム個

別に求められる業務の2つに分類できます。チーム個別に求められる業務は配属先に依存する業務です。例えば、システム開発チームであれば導入したパッケージの管理など、インフラチームであればクラウドやネットワークに関連する業務などです。

□ 第3章の内容

第3章では、チーム個別のシステム開発やインフラ構築の業務ではなく、チームに依存しない運用保守やプロジェクト管理を解説します。これらの業務は比較的広く浅い経験と知識で実施できるため、社内SE 1年生が担当するケースが多いです。社内SE 1年生にとっての登竜門といえる運用保守やプロジェクト管理を、どう遂行するべきか解説します。

図3-2 第3章の内容

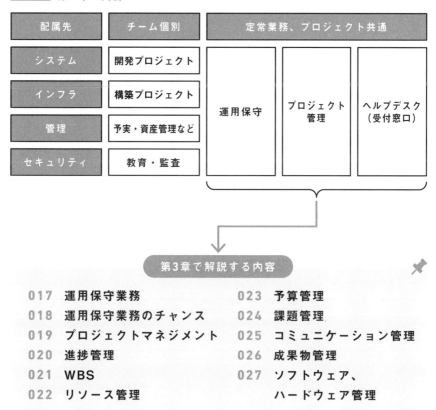

配属先	チーム個別	定常業務、プロジェクト共通		
システム	開発プロジェクト	運用保守	プロジェクト管理	ヘルプデスク（受付窓口）
インフラ	構築プロジェクト			
管理	予実・資産管理など			
セキュリティ	教育・監査			

第3章で解説する内容

017 運用保守業務	023 予算管理
018 運用保守業務のチャンス	024 課題管理
019 プロジェクトマネジメント	025 コミュニケーション管理
020 進捗管理	026 成果物管理
021 WBS	027 ソフトウェア、
022 リソース管理	ハードウェア管理

運用保守業務で人脈を構築する

▦ 運用保守業務

運用保守業務＝社内SE 1年生でもできる簡単な仕事、ではありません。運用保守は、自社のITが日々の業務で正常に稼働するために必要なものです。社内SEにとっては業務とシステムの知識を広く取得できるばかりではなく、運用保守業務を通して様々な人に関与し人脈を広げる絶好のチャンスです。運用保守に舞い込んでくる課題は、課題解決力を実践で伸ばす素材でもあります。

▦ 関連する用語

一口に運用保守業務といっても様々な役割が存在します。社内SE 1年生は関連する用語の理解が必要です。

図3-3 運用保守関連用語

用語	内容
システム運用	システムを稼働させるために必要なログ監視やアラート確認などの業務
システム保守	バージョンアップ、バグ修正などのシステムの修正業務
業務運用保守	業務運用上で発生する依頼や問い合わせを受け付け、対応する業務
サービスデスク	業務領域、IT領域を問わず、全ての問い合わせを一次受付する窓口
ヘルプデスク	システム運用などを担当する専門性の高い窓口。サービスデスクがユーザーからの問い合わせを受け、各システム専門のヘルプデスクに問い合わせを連携して対応する

システム運用、システム保守、ヘルプデスクといった役割分担の一般的な定義を紹介しましたが、これらは企業によっては同一チームでいくつかの役割を担う

場合もあります。したがって、図3-3の一般論をベースに自社組織の機能配置を理解する必要があります。

■ 課題や依頼の対応フロー

図3-4は、社内の業務ユーザーが検知した課題や依頼などを解決するまでの全体イメージです。業務ユーザーは、検知した課題を業務運用保守へ連携します。業務運用保守は課題の切り分けをし、IT系の問い合わせをITヘルプデスクに連携しインシデント登録します。

ITヘルプデスクは、インシデントを運用保守に連携し対応を依頼します。運用保守は、運用保守SIerと協力するなどして対応します。対応完了後、問い合わせ元に回答を返し、最終的に業務ユーザーに回答が送られます。

業務ユーザーからの人事や給与などに関する依頼や問い合わせはサービスデスクに連携されます。サービスデスクはインシデントを登録し、該当部門のチームに連携して解決を促します。企業によっては、このサービスデスクをIT部門で担う場合もあります。

図3-4 課題／依頼対応フロー

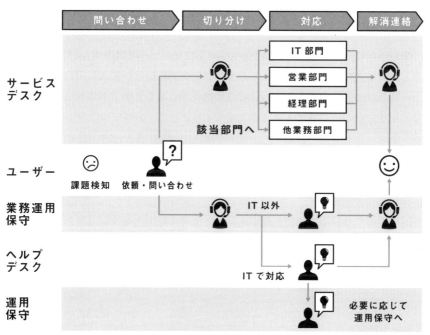

運用保守業務をこなして信頼を得る

運用保守はチャンスの宝庫

運用保守は、社内SE 1年生が効率よく知識を取得しスキルアップできるチャンスが転がっている業務です。そのチャンスを成長につなげない手はありません。

①知識を広げる

サービスデスクに配属された場合、受けるのは様々な領域の問い合わせです。そのため、ITのみならず自社ビジネスや業務プロセスなどを幅広く学べるチャンスです。問い合わせに対応するためという口実があるので、その領域の有識者へのヒアリングもしやすいです。

②ネットワークを広げる

問い合わせ元ユーザーと接点が持てるだけでなく、課題解決に必要となる有識者とのネットワークを広げられるチャンスです。あなたが他人を知る機会だけでなく、あなたを様々な人に知ってもらう機会でもあります。

どんなに頑張ってスキルアップしても1人でできる範囲には限界がありますが、ネットワークを構築し、知っている人を知ることで、あなたができることにレバレッジがかかります。ネットワークは、あなたの財産です。

③課題解決力を磨く

運用業務では様々な課題が舞い込んできます。発生する課題に対応することで課題解決のスキルを磨けます。コンセプチュアルスキルも実践で活用できるチャンスです。この時期に習得した能力は、今後のプロジェクトや課題解決の場面であなたを助けてくれます。

■ 運用保守業務のコツ

運用保守業務にはチャンスが転がっていますが、社内SE 1年生にはチャレンジングな局面も訪れます。運用への問い合わせをする＝ユーザーが不満を抱えている状況であり、ストレスがつきものです。そんなときのちょっとしたコツを紹介します。

▼イライラした態度への反応にエネルギーを使わず、根本原因解決に注力する

不満を抱えてイライラしているユーザーの態度に、つい反応してしまうことがあります。そんなときは、ちょっとだけ感情を横に置いて、根本原因の解決に注力しましょう。悪を憎んで人を憎まず、のイメージです。態度に反応しても誰も幸せになりませんが、ユーザーの不満の原因を解消できればみんなを幸せにできます。

▼1人で全部対応しようとしない。チームで解決を目指す

社内SEの仕事はチームプレーが求められます。運用保守業務もしかりです。あなたに知見がないインシデントで、解決の糸口も見当がつかないようなら、上司、同僚、有識者に相談してチームで解決を目指しましょう。

▼できるタスクではなく、やるべきタスクから実施する

受領したインシデントを受付順に手をつけていては、緊急対応が必要なインシデントの解決が後回しになってしまうリスクがあります。効果的に運用業務を実施するには、優先すべきタスクから着手することが必要です。投資家のウォーレン・バフェット氏は、「やるべきタスク以外は、やるべきタスクを邪魔するタスク」と述べています。

図3-5 **やるべきタスクを判断する4象限**

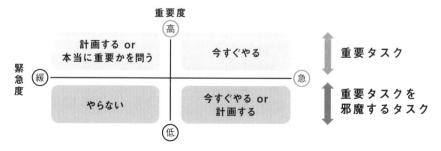

プロジェクトマネジメントで ヒト・モノ・カネを管理する

プロジェクトマネジメントは登竜門

企業ではヒト・モノ・カネを管理し、日々のビジネスやプロジェクトを構成し、売上拡大や業務改善を目指します。

社内SE 1年生は、組織運営という大きな舵取りの前に、プロジェクト管理というスコープの限られたリソースマネジメントから担当します。そのため、ヒト・モノ・カネの管理の登竜門がプロジェクトマネジメントといえます。管理する要素は、プロジェクトも組織も一緒です。プロジェクトを通じて知識と経験を磨く必要があります。

図3-6 ヒト・モノ・カネの配分のイメージ

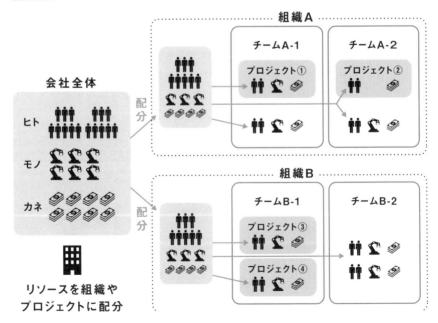

■ プロジェクトマネジメントの目的

　プロジェクトマネジメントは管理することが目的ではなく、管理によって必要な行動を実施し、プロジェクトを成功に導くことが目的です。組織運営も同じで、管理することはあくまでも手段です。この手段を機能させるために、適切な情報を吸い上げて可視化し、判断できるようにします。

　図3-7は、管理が必要となるプロジェクトマネジメントの項目一覧です。社内SE 1年生がプロジェクトに初めてアサインされる場合、いきなり全ての項目の管理を任せられるような機会は稀でしょうが、どのような項目があってプロジェクトマネジメントが実施されているのかを知っておく必要はあります。

図3-7　プロジェクトマネジメント項目一覧

項目	内容
進捗管理	作業計画と、日々発生する作業実績情報を照らし合わせてプロジェクトの進捗を管理する。
リソース管理	プロジェクトに参画する人員を外部の SIer も含めて管理する。
予算管理	プロジェクト進行に必要な予算の予定と実績を管理する。予算承認プロセスや稟議など予算執行のための社内プロセスの理解も重要。
課題管理	プロジェクト進行で発生する課題を管理する。
リスク管理	課題は顕在化している過去の事象。まだ発生していない未来の課題＝リスクを予想し、回避策を取る。
マイルストーン管理	プロジェクト全体で想定している、重要な活動についての計画を管理する。
コミュニケーション管理	週次や月次の進捗確認会議以外にも、関係者にどう情報を流通させるか、リモートワークが普及し重要性が上がっている。
成果物管理	プロジェクトで作成される成果物や会議資料を管理する。SIer からの成果物だけでなく会議資料なども含む。
ソフトウェア、ハードウェア管理	PC、プリンター、ネットワーク機器など、システム構築に付帯する備品を管理する。

　上記のうち社内SE 1年生が押さえておきたい項目をいくつかピックアップし、以降のページで解説します。

RULE 020

進捗を管理し、課題に対応する

進捗管理の目的

プロジェクトマネジメントの重要な項目の1つが進捗管理です。進捗管理を単なる作業管理と思っていると足をすくわれます。進捗管理は、情報を集めそれを眺めることではなく、予定と実績の差から課題を認識し、必要となる行動を促して実行する（させる）ことです。

図3-8　進捗管理のプロセス

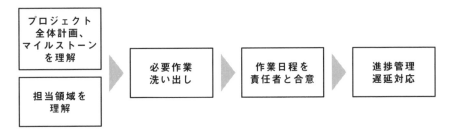

▼プロジェクト全体計画やマイルストーンを理解する

初めにプロジェクト全体の計画やカギとなるマイルストーンの理解が必要です。全体計画にアラインし、あなたが担当する領域の作業計画を作成します。それについて合意してから、担当する領域の作業を推進していきます。

▼担当領域を理解する

担当領域を理解し、推進に必要となる作業を洗い出します。間違っても、SIerから提出された予定が全てで、それさえ実施していればうまくいくと勘違いしてはいけません。SIerが担うのはSIerが担当する領域のみです。社内SEが担当しなければいけない領域は、あなた自身で作業を洗い出します。

▼遅延対応などの行動を取る

進捗管理はプロジェクトを進めるための手段ですから、進捗を緻密に管理するだけでは不十分です。進捗管理することで見えてくる遅延や課題に対応し、プロジェクトを推進するための行動を取ります。

▦ 進捗管理の注意点

進捗管理の主なポイントを以下に挙げます。

▼責任者と日付を明確化する

進捗管理で、誰がいつまでに作業を実施するのか定義することは重要です。責任者が不明確だと、その進捗を誰が担当すべきだったのかうやむやになり、しまいには誰もボールを持っていなかった、というような事態に陥ります。

▼チームごとに進捗管理方法をバラバラにしない

各チームで独自の進捗管理ツールやテンプレートを導入していると、可視化と管理に相当な工数を費やしてしまいます。各チーム間で進捗を共有しタイムリーに進捗管理するために、同じツールやテンプレートをプロジェクト内に取り入れる必要があります。

▼成果物の認識合わせを実施する

作業ごとの成果物認識合わせが必要です。例えば、SIerが提出してきた作業項目に成果物レビューという項目があったとします。この成果物は、何をどこまで書いている想定か認識が合っていない場合、レビューはしてみたものの期待した内容まで仕上がっておらず、進捗の遅延につながるといったことが往々にして起こります。

▼チーム間で進捗の読み合わせを実施する

プロジェクトに複数のチームがある場合、チームごとのタスク洗い出し完了後に、キーとなるマイルストーンや他チームと依存関係のあるタスクなどの読み合わせが必要です。よくある課題は、クロスファンクショナルな作業に関してチーム間で十分なコミュニケーションがなされず、どちらのチームも担当せずに、結局作業が推進されない状況です。関連するチームとは積極的に前提やマイルストーンの読み合わせをします。

WBSで進捗管理を
効率化する

■ WBS

　進捗管理で利用するWBS（Work Breakdown Structure）は、プロジェクト全体を作業レベルまで分解し、構造的に管理する手法です。WBSはExcel、Jira Software、Microsoft Projectなどのツールを使うことが多いです。WBSは、タスク、予定と実績の日付（図3-9では予定修正日付は割愛）、担当者、進捗ステータス、その他には日程感を可視化する要素で構成されます。

図3-9　WBSのイメージ

大分類	中分類	小分類	完了予定	完了実績	担当	進捗	日付					
作業を大分類から小分類まで構造化し記載			作業の予実を記載		作業担当者を記載	ステータスを記載	作業日程を可視化					

大分類	中分類	小分類	完了予定	完了実績	担当	進捗	1月	2月	3月	4月	5月	6月
アプリA開発	要求定義	As-Isフロー	1月	1月	業務部門A	完了	▪					
		To-Beフロー	1月	1月	業務部門A	完了	▪					
	要件定義	要件一覧	2月	2月	社内SE B	完了	▪▪					
		機能要件	3月	3月	社内SE B	完了	▪▪▪					
		非機能要件	3月	3月	社内SE B	完了	▪▪▪					
	開発	基本設計	4月		SIer C	未				▪		
		詳細設計	5月		SIer C	未					▪	
		構築	8月		SIer C	未						▪

■ WBSの注意点

　WBSの主なポイントをいくつか紹介します。

▼初めにテンプレートやツールの確認をする

　WBSを独自にExcelなどで作ってから、プロジェクトで共通のテンプレートや

ツールが見つかったりすると転記の手間が発生します。まず初めにプロジェクト
でのテンプレートやツールの指定の有無を確認しましょう。

▼ WBSの見た目にこだわりすぎない

WBSは進捗管理するための手段ですから、美しく仕上げることにこだわる必
要はありません。タスクを日々管理しプロジェクトを進めるためには、シンプル
なWBSほど運用が楽になります。

▼ タスクの洗い出しは大分類から

タスクの洗い出しは、MECE（Mutually Exclusive and Collectively Exhaustive）
というロジカルシンキングの活用がお勧めです。MECEは、漏れなくダブリなく
という意味です。タスクを漏れなくダブリなく洗い出すために、まずは大分類か
ら着手し、大枠の観点を明らかにしてから細分化していきます。

▼ WBSを自分で作る

SIerから提出されるWBSのみ管理すればうまくいくと考えてはいけません。
社内SEはSIerと仕事をともにすることが多いですが、SIerはあなたのプロジェ
クトの全てを担うわけではありません。SIerは、契約により定められた領域のみ
支援します。プロジェクト推進に必要なタスク全量を洗い出し、SIerが担当する
（担当しない）領域の認識合わせを行い、その上でタスクを管理・推進します。

▼ 現実的な計画を作成する

WBSを作った時点で、すでに日程感が納期に間に合わず破綻しているにもか
かわらず、何とか期日に間に合わせようと残業前提でタスクを開始するようなこ
とはしてはいけません。課題のエスカレーションをすぐに実施し、プロジェクト
として対策の検討が必要です。社内SE 1年生のうちは作業タスクの抜け漏れの
可能性もあるため、作成したWBSをプロジェクトリーダーなどにレビューして
もらいます。

▼ 過去のWBSを参考にする

社内SE 1年生にとってWBS作成は初めてでも、企業では多くのプロジェクト
が行われていますから、探せば過去のWBSが見つかるはずです。建て付けなど
を参考にすれば時短できます。

人を管理し、
プロジェクトを進める

■ リソース管理の役割

システム開発プロジェクトは人が行動することでシステムが出来上がりますから、人は非常に重要な要素です。必要なスキルを持った人を必要な時間確保できなければ、目標とするアウトプットを作ることはできません。

リソース管理も進捗管理と同じく、管理自体が目的ではなくプロジェクトを円滑に推進することが目的です。そのため、リソースの管理だけでなく、必要となるリソースをプロジェクトの状況に応じて最適に配置することも含みます。どのようなリソースが作業のために必要かということと、その管理ノウハウを身につける必要があります。

■ 関連する用語

リソース管理を実施するためには、工数、人日（にんにち）、人月（にんげつ）、FTEといった用語を押さえる必要があります。SIerが出してくる見積もりやプロジェクトで交わされる会話では、作業を人日や人月で表現するため理解が必要です。

図3-10 リソース管理関連用語

用語	内容
工数	ある作業を完了するために必要な作業量。
人日	1人で行うと1日かかる作業量。1人日は8時間で計算。
人月	1人で行うと1カ月かかる作業量。1人月は20日で計算。
FTE	FTE = Full-Time Equivalent で、仕事率。1FTE は、1人の作業者が1カ月でできる仕事率。例えば、ある作業に1人月の作業量があった場合、それを1FTE で実施すれば1カ月必要。1人月の作業量に2FTE を投入すれば0.5カ月必要。

リソース管理の流れ

リソース管理は、進捗管理で洗い出した作業を元に、各作業に必要な工数を見積もり、作業に人を割り当てる流れで進めます。洗い出した作業に担当者を割り振るイメージをまとめたのが図3-11です。

図3-11 リソース管理のプロセス

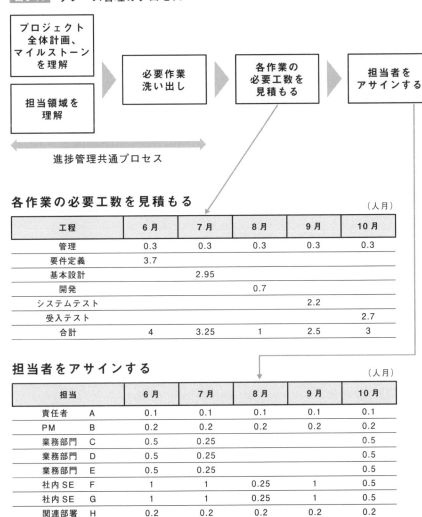

各作業の必要工数を見積もる

（人月）

工程	6月	7月	8月	9月	10月
管理	0.3	0.3	0.3	0.3	0.3
要件定義	3.7				
基本設計		2.95			
開発			0.7		
システムテスト				2.2	
受入テスト					2.7
合計	4	3.25	1	2.5	3

担当者をアサインする

（人月）

担当		6月	7月	8月	9月	10月
責任者	A	0.1	0.1	0.1	0.1	0.1
PM	B	0.2	0.2	0.2	0.2	0.2
業務部門	C	0.5	0.25			0.5
業務部門	D	0.5	0.25			0.5
業務部門	E	0.5	0.25			0.5
社内SE	F	1	1	0.25	1	0.5
社内SE	G	1	1	0.25	1	0.5
関連部署	H	0.2	0.2	0.2	0.2	0.2
合計		4	3.25	1	2.5	3

プロジェクト完走のために
予算を管理する

ガソリンを枯れさせない

　社内SE 1年生がプロジェクト全ての予算管理を任せられるようなことはまずないでしょう。しかし、任せられないからといって予算に無頓着でいいわけではありません。自社の経営資源（ヒト・モノ・カネ）の1つであるお金は、車でいえばガソリンです。ガソリンがプロジェクトに投入されることにより、プロジェクトは走ることができます。ガソリンが無駄なく、尽きることなく、計画的に回るように管理するのが予算管理の目的です。

　プロジェクトでは、「ライセンス費用はいくらなの？」「インフラ費は何？」といった会話が飛び交います。まずは、それらについていけるようにならないといけません。

図3-12 予算管理項目

項目	内容
ライセンス費用	ソフトウェアなどを利用する費用。月ごとや一括など契約に応じて支払う。
クラウド利用料	ソフトウェアとは別にAWSなどのクラウド利用に支払う費用。SaaSなどのサービス利用の場合、ライセンス費用に含まれる場合もある。
システム構築費	SIerなどにシステムを構築してもらうための費用。
ネットワーク費用	ネットワークの構築／利用のための費用。
運用保守費用	構築したシステムを維持管理するための費用。
旅費、会議費	プロジェクトで必要になる主な諸経費。プロジェクト開始前に見積もりを忘れがちなので注意が必要。
ハードウェア購入費	開発で必要になるサーバーや機器の購入費用。

予算管理関連の社内SE 1年生が押さえておきたい観点を以下にまとめます。

▼投資と経費の違いを押さえる

予算には投資と経費があります。何を投資や経費として計上できるかは企業により微妙に異なります。予算管理を任せられた場合、投資と経費の定義の確認が必要です。

▼大前提はしっかりとした予定と契約

予算管理を単なる実績管理と勘違いしてはいけません。予算の管理は、予定や契約に基づき、いつ・いくらお金を使うか想定が決まっていることが大前提になります。予定があるからこそ、実績との差分に気づき対応することができます。

▼承認なしに作業を始めさせない

契約や社内での予算承認なしのままSIerに作業着手してもらうことは絶対にNGです。自社のしかるべき承認プロセスで可決されたあとに、契約を経てSIerに作業を始めてもらいます。

▼準委任契約と請負契約の違いを押さえる

システム構築の契約は準委任契約か請負契約です。準委任契約は作業に対して対価を支払います。月末などにSIerから作業報告書を受領し、その検収をもって請求に対して支払いをします。請負契約では成果物を検収し、その検収をもって請求に対して支払いをします。

▼予算管理表の取り扱いに気をつける

予算管理表の取り扱いには注意が必要です。うっかりSIerがアクセスできるフォルダーに格納してしまうなどのミスは絶対に避けましょう。予算が見えてしまうと、あなたの手の内が丸見えです。予算管理表は特に意識して管理します。

▼予算が不足する場合は適切にエスカレーションする

万一、予算不足などの事態が発生した場合は、隠さず速やかにエスカレーションしましょう。お金は大きなトラブルにつながるリスクがあります。

課題を管理し、
解決する（させる）

▨ 課題管理の要点

　プロジェクトでは大なり小なり予定していない事柄が発生し、それらの課題解決なしにプロジェクトを先に進めることはできません。プロジェクトでの課題管理の目的は、単に課題をまとめて可視化することではなく、必要となる期日までに課題を解消することです。

図3-13　課題管理のプロセス

▼課題のタイムリーなハンドリング

　課題はできるだけ早く対応し、傷を広げない努力が必要です。早く対応するためには、課題を認知するスピードとエスカレーションのスピードの両方を意識しましょう。

　課題認知のスピード改善には、予兆検知が必要です。車の運転を例にすると、熟練ドライバーは前方を走行する車が不規則にブレーキを踏んでいる様子から運転手の注意散漫を察知し、自分の車のスピードを落としてリスクを回避します。プロジェクトも同じです。SIerがなかなかWBSを提示しないことからSIerの開発経験不足を推測したり、業務部門の組織図から特定の業務有識者が不足し、十分な要件が出ないリスクを推測したり、まったく障害の出てこないテスト結果からテストケースの不足を推測したりできます。

▼課題管理表に記載

　課題管理表は課題を一覧できるようにしたもので、課題タイトル、内容、起票

日、完了予定日、担当者、対応内容／結果、影響度、ステータスを記載します。最低限これらの項目を管理できれば課題管理は回ります。

　課題の内容は、何が課題なのかクリアに書く必要があります。例えば、「画面がフリーズする」では何が起こっているのかわかりません。「100件以上のデータをアップロードすると、画面が白画面に遷移し動かなくなる」と具体的に記載することで影響調査も容易になります。

▼優先順位決め

　影響の大きい課題から優先して対応することがセオリーです。これを見誤ると重大な課題が悪化し、取り返しのつかない事態にもなりかねません。

▼課題フォロー

　課題は解消することが目的ですから、課題の見える化で満足してはいけません。完了予定日までに、しつこく行動を促し続ける必要があります。自分の手に余ることなら有識者を集めた会議を設定したり、上にエスカレーションして行動を促します。

◾ 課題管理の例

　図3-14を使って、課題管理の簡単なエクササイズをしてみましょう。本日の日付が「12月7日」であることに注目してください。

図3-14　課題管理のエクササイズ

本日の日付　12/7

No	タイトル	内容	起票日	完了予定日	担当	対応内容	影響度	ステータス
1	サンプル1	XX	12/1	12/3	A	XX	大	着手
2	サンプル2	XX	12/1	12/4	A	XX	低	完
3	サンプル3	XX	12/5	12/6	B	XX	中	完
4	サンプル4	XX	12/6	12/7	A	XX	中	未着手

　サンプル1の課題が4日滞留し、未完です。Aさんが優先順位を誤って対応しています。Aさんは、同じ起票日で影響度低のサンプル2を完了させてしまっています。サンプル4は、Aさんの対応状況を考えると滞留が予想されます。そこで、サンプル3の対応が完了しているBさんにサンプル1の担当を変更し、プロジェクトへの影響度が大きい課題の解消を狙うべきです。

コミュニケーション管理の
仕組みに従う

■ コミュニケーションのための仕組み作り

　プロジェクトにおけるコミュニケーション管理の目的は、情報の交通整理をして、適切に情報をフローさせることではありません。これは手段であり、本質的な目的はコミュニケーションを円滑にし、プロジェクトを成功に導くことです。コミュニケーション管理というと堅苦しく聞こえますが、シンプルにいえば、円滑にコミュニケーションが図られるための仕組み作りと行動です。

　コミュニケーション管理は、プロジェクトマネージャ、プロジェクトリーダー、PMO（Project Management Office）が、どのようにコミュニケーション方法の仕組みを構築するかが大きな比重を占めます。社内SE 1年生が、そのような仕組み作りに携わることは稀です。社内SE 1年生は、仕組みの全体感を押さえた上で、必要なコミュニケーションを、必要なチャネルを活用して実施することが求められます。

■ プロジェクトと組織のコミュニケーションの違い

　社内SE 1年生が混乱を招きやすい点が、プロジェクトと組織でのコミュニケーションの違いです。プロジェクトでは、体制図に基づいたコミュニケーションが必要です。また、プロジェクトを実施していても、組織図に応じた上司への報告や1on1も必要です。どちらかではなく、どちらも必要です。例えば、あなたが開発チームの一員の場合、チーム内、チーム間、プロジェクトリーダーへのレポートやエスカレーションが必要になります。そして、組織の上司への活動報告も必要です。

　また、誰に・何を・いつ・どこで・どのようにコミュニケーションするかもあわせて押さえます。コミュニケーションには各社独自のルールが存在します。例えば、週次報告フォーマット、資料の体裁、ドキュメントの格納方法などの作法です。「どのように」に当たる作法を理解し、円滑な情報交換を行う必要があり

ます。

図3-15 プロジェクトと組織でのコミュニケーションの違い

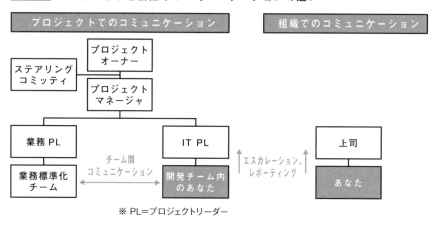

※ PL=プロジェクトリーダー

図3-16 プロジェクトと組織でのコミュニケーションの例

カテゴリ	誰に	何を	いつ・どこで	どのように
プロジェクト	チーム内	情報共有	週次定例会	所定フォーマットなど
		内容協議	適宜	口頭や文書
	他チーム	情報共有	週次定例会	所定フォーマットなど
		内容協議	適宜	口頭や文書
	IT PL	報告	週次定例会	所定フォーマットなど
		エスカレーション	適宜	口頭や文書
組織	上司	報告	1on1／定例会	所定フォーマットなど
	同僚	情報共有	適宜	口頭や文書

■ コミュニケーション手段の使い分け

　コミュニケーションに関して社内SE 1年生に意識してもらいたいことがあります。それは、何を口頭でコミュニケーションして、何を文書でコミュニケーションすべきか、状況に応じたコミュニケーション手段の選択です。

　口頭でのコミュニケーションは、スピード感重視の情報連携です。表情や回答から相手の反応がわかりやすいので、方向性を探りながらのコミュニケーションに活用します。文書でのコミュニケーションは、タイムリーさよりも正確性を求める情報、正式な合意事項、口頭では情報量が多すぎる場合などに活用します。

成果物管理を体系化する

▣ 管理する対象は幅広い

　成果物管理は、コミュニケーション管理の中の1つに位置づけられるものです。成果物とは、狭義ではSIerが社内SEに提出する納品物＝成果物ですが、広義では納品物にとどまらず定例会資料、キックオフ資料、WBS、課題管理表、検討資料、予算管理表、リソース管理表など様々なドキュメントを指します。ここでは成果物管理のポイントを紹介します。

▼成果物格納ルールを定義する

　プロジェクトでは、たくさんのドキュメントや成果物が作成されます。どのような成果物をどこに格納するか、プロジェクト開始前に定義します。あなたが所属するIT部門の成果物管理に準じることで、全体と整合した管理をすることができます。

▼必要となる成果物を理解する

　成果物という名前から最終の完成したドキュメントのみ管理すると誤解しがちですが、プロジェクトでは作業中ドキュメントをどう管理していくかも重要です。

　作業中ドキュメントをあまりにもルールで縛ると作業効率が落ちてしまう場合もあります。一般的なのは、最終成果物の格納先をプロジェクト共通で合わせ、それ以外の作業中ドキュメントはチームごとのフォルダーを作成し、その領域をチームの裁量に任せる形です。

▼既存のドキュメント管理ルールに合わせる

　プロジェクトでの成果物管理ルールは、プロジェクト独自に決めるべきではありません。あなたが担当するプロジェクトは、IT部門内の1プロジェクトです。他のプロジェクトと管理方法を合わせることで、新規でドキュメント管理方法を

考える手間が省けますし、全体管理も容易になります。

◼ フォルダー構成のルール

フォルダー構成にもルールが必要です。もし自社にフォルダー構成のサンプルがない場合には以下を一例としてみてください。

・プロジェクト工程別にフォルダーを作成する
・ファイルは命名規則を作り管理する
・工程別のフォルダー内では、チームごとにフォルダーを切って管理する
・フォルダーに適切なアクセス権が設定されているか注意する

図3-17 フォルダー構成の例

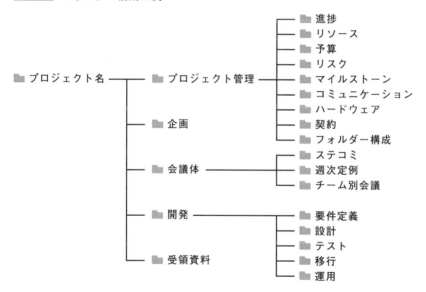

進捗、予算などの資料はテンプレートを共通化し、管理を簡素化します。また、プロジェクトで定めた成果物管理ルールを文書化し周知することも必要です。これは長期プロジェクトの場合、自社もSIerも人の入れ替わりがあり、そこで離齟が発生するリスクがあるためです。

メリハリある備品管理を行う

無用なトラブルを避けるために

　システム構築プロジェクトでよくあるのが、SIerにPCやIDを作業用に貸与したものの、SIer内の人の交代で引き継がれたはずが管理台帳が更新されておらず、誰がどこに持っているのかわからないといったトラブルです。

　プロジェクトで必要となるソフトウェアやハードウェアを適切に管理し、トラブルを回避します。少額の鉛筆やノートなどまで厳格に管理する必要はありませんが、資産に当たるものや、紛失した場合に機密漏洩のリスクがあるPCなどは管理すべきです。

管理すべき対象

　管理の主な対象例を以下に挙げます。

▼SIerに貸与したPC

　社内の重要情報にアクセスされる可能性があるため管理が必要です。SIer内で人の入れ替わりがある場合には一報を入れてもらい、管理台帳を更新するルールを徹底します。

▼ID

　社内にアクセスできるため、PC同様、管理が必要です。

▼ネットワーク機器

　プロジェクトルームを作って開発を行う場合、ネットワークを暫定的に設置することがあります。インフラチームから借り受ける形でネットワーク機器を利用させてもらう場合には、設置から管理までどのように実施するのか事前にインフラチームと取り決めます。

▼ソフトウェアライセンス

　プロジェクト人員の増加に伴いライセンスが足りなくなるなどの事態にならな
いよう、特にライセンス制限があるソフトの利用時には管理が必須です。

▼備品

　安価な備品は、基本的にマイクロマネジメントは必要ありません。高額なもの
は盗難や転売のリスクを見越して、PCと同じように管理台帳で管理するのがお勧
めです。

■ ソフトウェア、ハードウェア管理の例

　図3-18を使い、ソフトウェア、ハードウェア管理の例を解説します。ここでは
ソフトウェアライセンスを3つ所有しているとします。それぞれのライセンスを
誰が利用し、その確認をいつ行い、ライセンス期限がいつまでなのか管理台帳で
管理します。

　ハードウェアは、PCが4台、ルーターが1台です。PCは、1台ごとに誰がいつ
まで利用する予定か管理します。利用していないPCは、どこに保管されている
か管理します。ルーターなどのプロジェクト共通で利用する機器を他チームから
借用している場合は、いつまでに返却しなければならないかも管理すべきです。

図 3-18　管理台帳の例

カテゴリ	品目	管理番号	登録日	利用者	利用開始日	利用終了日	管理担当	最終確認日	ライセンス期限	保管場所	返却期限
ソフトウェア	ライセンス 1/3	SL123	1/10	A	1/20	5/20	D	3/20	7/20	N/A	N/A
	ライセンス 2/3	SL124	1/10	B	1/20	5/20	D	3/20	7/20	N/A	N/A
	ライセンス 3/3	SL125	1/10	N/A	N/A	N/A	D	3/20	7/20	N/A	N/A
ハードウェア	PC1	PC123	1/10	A	1/20	5/20	D	3/20	N/A	N/A	N/A
	PC2	PC124	1/10	B	1/20	5/20	D	3/20	N/A	N/A	N/A
	PC3	PC125	1/10	D	1/20	5/20	D	3/20	N/A	N/A	N/A
	PC4	PC126	1/11	N/A	N/A	N/A	D	3/20	N/A	キャビネ1	N/A
	ルーター	N/A	1/10	N/A	1/20	5/20	D	3/20	N/A	N/A	6/1

第3章のまとめ

運用保守業務は、日々のビジネスを支える重要な要素。社内SE1年生にとっては業務とシステムの知識を広く取得できるチャンス。

運用保守業務は人脈構築機会。あなたが周りを知る機会ばかりではなく、あなたを周りに知ってもらう機会でもある。

ITプロジェクトもモノづくりの1つ。必要となるヒト・モノ・カネを配置できなければ狙ったアウトプットは得られない。

プロジェクトマネジメントは管理することが目的ではなく、管理によって行動を促し、プロジェクトを成功に導くことが目的。

進捗管理は予定と実績の差から課題を認識し、行動を促し、実行する（させる）こと。

予算管理は車でいうガソリン管理。プロジェクトのガソリンが無駄なく、尽きることがないように管理する。

課題管理は課題の見える化で満足してはいけない。集めた課題を解消するために管理する。

第 **4** 章

システム構築とは

社内SE基礎

第 **1** 章
社内SEを取り巻く概況

第 **2** 章
求められるスキル

第 **3** 章
運用保守と
プロジェクト管理

第 **4** 章
システム構築とは

システム構築

第 **5** 章
プロジェクト起案

第 **6** 章
プロジェクト立ち上げ

第 **7** 章
要件定義

第 **8** 章
基本設計と開発

第 **9** 章
システムテスト

第 **10** 章
移行

第 **11** 章
リリースと運用

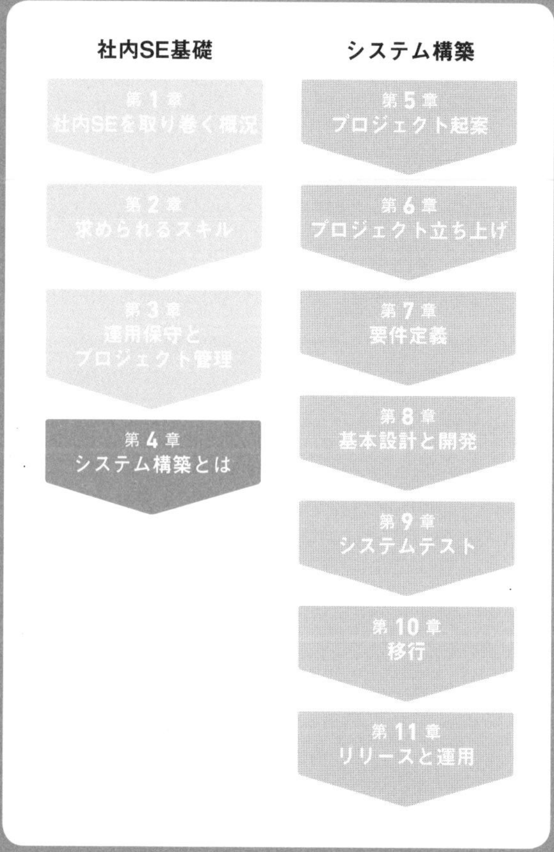

システム構築の全体感

第4章で解決できる疑問

- システム構築の全体感とは？
- システム構築にはどんな進め方がある？
- 開発手法で主流なものは？

全体感と選択肢

　第4章以降は、社内SE1年生が担当するシステム構築プロジェクトを例に、工程別に必要となるノウハウを解説していきます。社内SE1年生は、大規模システム構築プロジェクトの頭からお尻までを一気通貫で任せられるようなケースはないでしょう。ある特定の工程にポンと放り込まれて、プロジェクトの一部の工程を支援するケースが多いです。

　その場合、前後の工程のつながりがわからず、全体でどんなシステム構築の進め方をして、そもそもどんな貢献が求められているのかモヤモヤすることがあります。そこで、第4章ではまずシステム構築の全体感やシステム構築のアプローチの選択肢について解説します。

第4章の内容

　図4-1は、その選択肢を図式化したものです。

図4-1 システム構築のアプローチの選択肢

分類	検討事項	選択肢			
事業戦略	業務改善・改革をどう行う？	業務改善	BPR	デジタル化	DX
IT戦略	システム構築をどう行う？	エンハンス開発	スクラッチ開発	パッケージ導入	クラウド利用
プロジェクト方針	SIerをどう活用する？	自社推進	IT支援のみ	業務、IT両面支援	丸投げ
システム構築方針	開発手法は何を選択する？	ウォーターフォール	アジャイル	ハイブリッド	

　1つ目の軸は業務改善・改革の選択肢です。2つ目の軸はシステム構築自体の選択肢、3つ目の軸はSIerをどう使うかの選択肢、最後に開発手法の選択肢です。この一覧をベースに解説していきます。

図4-2 第4章の内容

第4章で解説する内容

028　業務改善・改革のアプローチ
029　システム構築のフェーズ
030　システム導入の選択肢
031　開発体制の選択肢
032　開発手法の選択肢

業務改善・改革のアプローチを押さえる

改善・改革の手法

　社内SEが携わるプロジェクトは、そのプロジェクトの狙いにより、どのように社内SEが関わるべきかが変わってきます。プロジェクトの方向性に影響を及ぼす、代表的な業務改善・改革の手法について解説します。

図4-3　業務改善・改革の手法

	目的	例
①業務改善	部署単位や機能単位の改善	・入荷や出荷などの限られた機能の業務フロー見直し ・受注プロセス改善
② BPR （Business Process Re-engineering）	部門をまたいだ組織全体の業務改革	・ERP導入を前提にした全社業務プロセスの抜本的見直し ・BPO（Business Process Outsourcing）による業務外注
③デジタル化	デジタル技術を適用した業務のデジタル化	・オンライン予約対応 ・紙での承認を廃止し電子化
④ DX	デジタル技術を前提としたビジネス変革、顧客価値の創造	・オンラインによる営業活動への転換 ・スマホによるオンライン診断

　①業務改善は、限定された部署、機能の改善を実施します。限定された領域で改善課題を決め、その課題の解決を狙います。②BPR（Business Process Re-engineering）は、単一部署、単一機能だけでなく組織全体での改革を狙います。よくあるジレンマが、経営層はBPRとしてプロジェクトを立ち上げ、抜本的な改革を望んでいるにもかかわらず、現場がBPRと業務改善の違いを理解しておらず、結果、業務改善にプロジェクトを矮小化させてしまうことです。社内SE 1年生

は、プロジェクトがどのような狙いで立ち上げられたかを理解し、その期待にそった貢献をする必要があります。

■ 手法ごとの違い

①〜④の違いを、図4-4を用いてイメージしてみましょう。

業務改善は、特定の業務領域や機能で行われる改善です。したがって、図の①のように部門Aの部分的なプロセスがプロジェクトスコープになるイメージです。

BPRは、特定の部署や機能にとどまらず組織や業務横断で実施します。そのため、部門A〜Dまで横断してスコープとしてプロジェクトを実施する②のイメージです。企業によっては、横断的に実施するものの、製造領域のみや会計領域のみなど限定をつける場合もありますが、その定めた領域の抜本的な変革を狙います。

デジタル化は、左側が今ある業務プロセスだとした場合、今の業務プロセスにデジタル技術を適用する③のイメージです。一方、DXは、今ある業務がベースになるのではなく、IT・デジタル技術を活用し、新しい顧客価値の創造など競争優位性を狙う④のイメージです。既存プロセスにデジタル技術を適用するばかりではなく、デジタル技術を出発点とした新しいビジネスやプロセスをスコープにする場合もあります。

図4-4 手法のイメージ

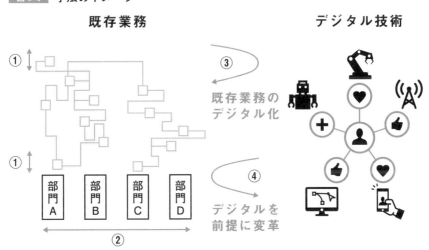

89

システム構築の
フェーズを押さえる

フェーズの種類

　社内SE1年生が大規模なシステム構築を1人で任される状況はほぼなく、システム構築の、ある特定フェーズの限定された作業領域から参画するケースがほとんどです。そのため、どうしてもプロジェクトの全体感や前後の活動のつながりが見えにくくなります。

　システム構築プロジェクトは、ウォーターフォール開発にせよアジャイル開発にせよ、前の工程で決められた事柄を元に後工程が進められます。本来は前工程で決められるべき事柄が決められていない場合は、後ろの工程でその内容を実施する必要があります。

　社内SE1年生は、各工程で作業すべき内容を理解し、うまく後続にバトンをつなげられるように、工程ごとに求められるノウハウを身につける必要があります。プロジェクトは大きく以下の4フェーズで構成されます。

　・起案フェーズ　　　　　→　戦略に基づき計画しプロジェクト化
　・立ち上げフェーズ　　　→　プロジェクトの編成、具体化
　・構築フェーズ　　　　　→　システムの具現化
　・リリース・運用フェーズ　→　システムをリリースし、日々の業務を遂行

協業でフェーズを進める

　フェーズに関連して理解したいのが、プロジェクトチーム内での役割分担です。例えば、ある業務の改善のためのシステム構築では、業務部門が業務設計をし、社内SEがSIerと要件や仕様を詰めて協業で推進します。間違っても、社内SEが1人で業務設計、システム構築、テスト、リリースと全てを実行するような業務改善プロジェクトが存在するべきではありません。

　本書では、システム構築に必要となる作業とそれぞれのノウハウを一般的な役

割分担を元に解説します。

図4-5 システム構築プロジェクトのフェーズ

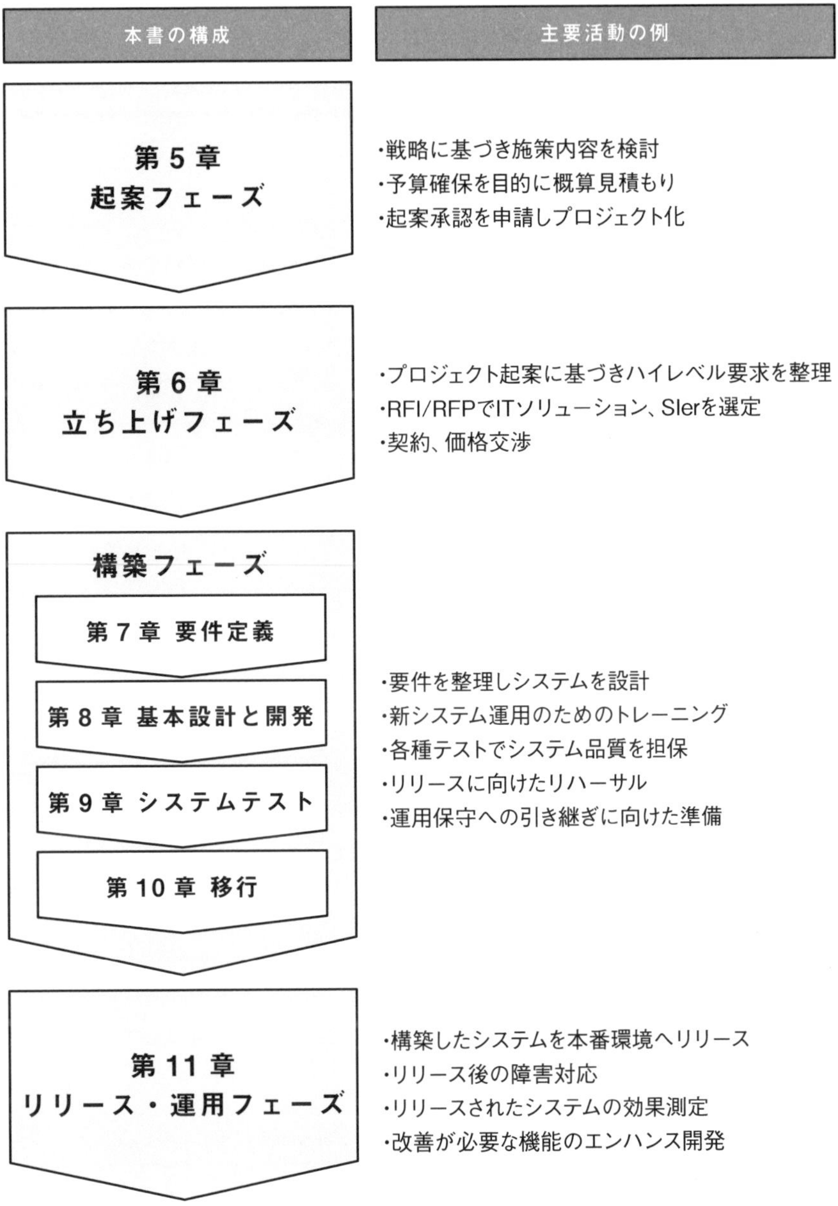

本書の構成	主要活動の例

第5章
起案フェーズ

・戦略に基づき施策内容を検討
・予算確保を目的に概算見積もり
・起案承認を申請しプロジェクト化

第6章
立ち上げフェーズ

・プロジェクト起案に基づきハイレベル要求を整理
・RFI/RFPでITソリューション、SIerを選定
・契約、価格交渉

構築フェーズ

第7章 要件定義

第8章 基本設計と開発

第9章 システムテスト

第10章 移行

・要件を整理しシステムを設計
・新システム運用のためのトレーニング
・各種テストでシステム品質を担保
・リリースに向けたリハーサル
・運用保守への引き継ぎに向けた準備

第11章
リリース・運用フェーズ

・構築したシステムを本番環境へリリース
・リリース後の障害対応
・リリースされたシステムの効果測定
・改善が必要な機能のエンハンス開発

システム導入の選択肢を押さえる

▓ 導入方法の選択肢

　システムをどのように導入するかの選択肢は多種多様に存在します。導入方法の違いは、要件定義、開発などの進め方にも影響を及ぼします。代表的な導入方法は、エンハンス開発、スクラッチ開発、パッケージ導入、クラウドサービス利用です。また、RPAの利用も選択肢の一種です。システム構築で業務改善に縛られないのであれば、アウトソースによる工数削減なども選択肢ですが、ここでは除外します。

　自社のシステム構築を実現する最適な手段を検討するためにも導入方法の特徴の理解は必要です。社内SE 1年生は特徴を理解した上で、それぞれの導入方法で求められる立ち振る舞いをする必要があります。

図4-6 導入方法ごとの特徴

エンハンス開発	
内容	改修など既存システムに対する何らかの開発
開発期間	一般的に短い。ただし、既存システムの複雑性に依存
プロジェクト例	部分的な業務改善など
備考	社内 SE 1 年生が担当を任せられるケースが多い

スクラッチ開発	
内容	要件に応じて、自社や SIer などでオリジナルのシステムを一から開発
開発期間	エンハンス開発やパッケージ導入に比べて長い
プロジェクト例	業務改善、BPR、デジタル化など

備考	・自社に開発チームを持つ場合によく行われる ・要件に応じて開発が行われるため融通が利く ・パッケージやクラウドサービスとは異なり、仕様も開発者依存のためブラックボックス化しやすく、運用も開発者依存になりやすい

パッケージ導入

内容	既成ソフトウェアの導入
開発期間	スクラッチ開発に比べて短い
プロジェクト例	業務改善、BPR、デジタル化など
備考	・パッケージ導入やクラウドサービス利用のプロジェクトが増加している ・パッケージに業務を合わせる考え方での推進が必要 ・コストと複雑性を抑えるためにスモールスタートが基本 ・アジャイルなどの開発手法が適用されやすい

クラウドサービス利用

内容	SaaS などのサービスを利用
開発期間	スクラッチ開発に比べて短い
プロジェクト例	業務改善、BPR、デジタル化など
備考	・サービスの理解が非常に重要 ・アジャイルなどの開発手法が適用されやすい

RPA 利用

内容	オートメーション技術の活用による自動化
開発期間	スクラッチ開発に比べて短い
プロジェクト例	業務改善、BPR、デジタル化など
備考	・小規模な開発要求や過去に作られた仕組みの機能改善要求に対して、システム開発をしなくても RPA で改善支援が可能な場合が多い ・自社 IT 部門内で RPA 推進チームの有無を確認し、そこで推奨している RPA を活用する方向での検討が必要

開発体制の
選択肢を押さえる

■ 外部リソースの守備範囲

　開発チームを自社で持たない場合、外部のSIerにシステム構築を支援してもらいプロジェクトを進めます。外部リソースの活用には、いくつかパターンがあります。図4-7は、システム構築のフェーズで、業務部門、社内SE、業務コンサルタント、SIer、SESが担当する一般的な守備範囲を示したものです。企業によってはSIerに保守まで依頼したり、小規模開発でSESに上流工程から支援してもらうこともあります。

図4-7　**外部リソースの守備範囲のイメージ**

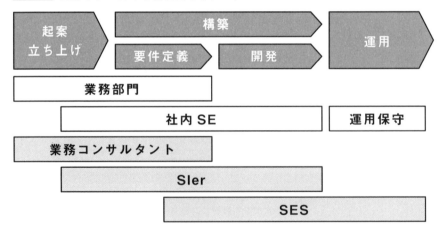

■ 5つのパターン

　プロジェクトでは様々な組み合わせで外部リソースを活用します。よく見られる5つのパターンについて解説します（図4-8）。

　①は自社開発のモデルで、外部リソースを活用しないパターンです。②は比較的中小規模のプロジェクトで、自社で要件を固め、SIerに開発を依頼するパターンです。③は大規模プロジェクトで活用されるパターンです。起案フェーズから業務コンサルタントの支援を受けて企画を固めます。

　④・⑤は避けなければならないパターンです。この2つは、①・②としてプロジェクトを開始したにもかかわらず、結果的に丸投げになってしまうパターンです。万一このようなパターンに陥ってしまったら、本来の役割が機能していないことをプロジェクトマネージャにエスカレーションし、根本的な対策が必要です。

　④は業務部門が検討を放棄し、社内SEとSIerに検討を丸投げしています。このパターンは、構築しても使われないシステムになる場合がほとんどです。

　⑤は、業務部門が業務コンサルタントに丸投げし、社内SEがSIerに検討と開発を丸投げしてフォローすらしないパターンです。お金と時間を浪費して使われないシステムが出来上がるか、もしくは何も出来上がりはしないパターンです。

図4-8　外部リソースを活用するパターン、活用しないパターン

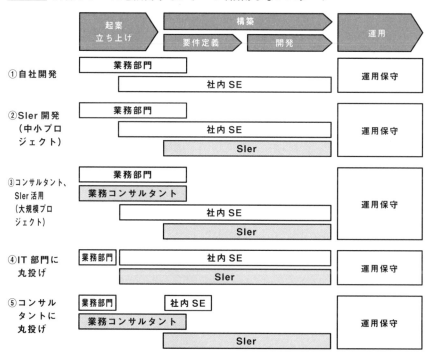

開発手法の
選択肢を押さえる

ウォーターフォール開発

　システム開発には3つの手法が存在します。開発手法により、要件定義、テスト、リリースなどの仕方が異なります。

　ウォーターフォール開発は工程を1つずつ進めます。前工程が完了したら後工程を進めます。工程管理が容易で品質管理にも優れ、計画を立てやすいのが特徴です。要件を固め、SIerから見積もりを取得して開発に着手します。

図4-9　ウォーターフォール開発

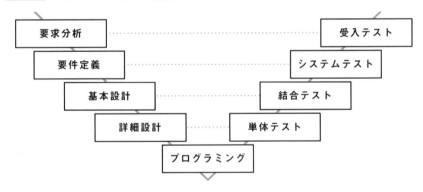

アジャイル開発

　アジャイル開発は、開発単位を細切れにし、スピーディなリリースを目指す手法です。ウォーターフォールに比べると少ない成果物で、開発、テスト、リリースを繰り返して進めます。

　アジャイル開発が向く領域とそうでない領域があり、例えばWeb系の開発ではアジャイルでリリースを早回しし、ユーザーへのスピーディな価値提供を実現することがよくあります。一方、倉庫業務などのように物理的な現場作業で使う

システムにはウォーターフォールが向いています。倉庫システムをアジャイルで毎日、開発・リリースした場合、システム変更に伴い倉庫レイアウトの変更も必要になります。物理的な変更が毎日では、とても現場が対応しきれません。

図4-10 アジャイル開発

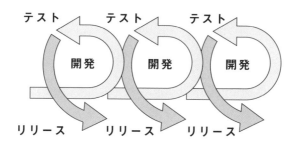

ハイブリッド開発

プロジェクト全体をアジャイルで進めるのではなく、一部分のみウォーターフォールを取り入れる手法です。1つのモデルは、要件定義や基本設計をウォーターフォールで計画的に推進し、SIerが請け負うシステム構築をアジャイルで進めます。その後、ある程度のまとまりでテストを実施し、リリースを目指します。

図4-11 V字モデルのハイブリッド開発

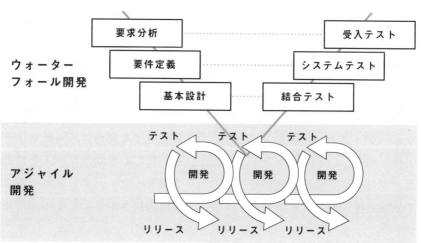

第 4 章の まとめ

業務改善・改革の手法の違いはプロジェクトの進め方に大きく影響する。担当プロジェクトの手法を知り、期待にそった貢献を狙う。

社内 SE 1 年生はプロジェクトの 4 フェーズ（起案、立ち上げ、構築、リリース・運用）をスポット支援することが多く全体感を失いがち。つながりを意識した対応が必要。

システム導入の選択肢としてエンハンス開発、スクラッチ開発、パッケージ導入、クラウドサービス利用、RPA 利用がある。

外部リソースを活用するかどうかで、自社開発、SIer 活用などいくつかのパターンに分類できる。

開発手法にはウォーターフォール、アジャイル、ハイブリッドがある。担当するプロジェクトの開発手法を理解し、進め方にそった貢献ができるように準備する。

ウォーターフォール開発は、前工程が完了したら後工程を 1 工程ずつ進める。工程管理が容易で品質管理に優れ、計画を立てやすい。

アジャイル開発は、開発単位を細切れにし早期リリースを目指す手法。ウォーターフォールより成果物が少なくなる傾向がある。

プロジェクト起案

社内SE基礎

第 1 章
社内SEを取り巻く概況

第 2 章
求められるスキル

第 3 章
運用保守と
プロジェクト管理

第 4 章
システム構築とは

システム構築

第 5 章
プロジェクト起案

第 6 章
プロジェクト立ち上げ

第 7 章
要件定義

第 8 章
基本設計と開発

第 9 章
システムテスト

第 10 章
移行

第 11 章
リリースと運用

Intro ⟫⟫

アイデア具現化の第一歩

第5章で解決できる疑問

- 起案フェーズはどんな流れか？
- 起案フェーズの役割分担は？
- プロジェクト立ち上げまでに何をしなければいけない？

□ 起案されないプロジェクト

システム構築の成否は要件定義で決まるという声を聞くことがあります。上流工程の選択がシステム実装に反映されるため、開発する前の工程が重要という意味です。しかし、これはどちらかというとSIer目線の声です。社内SE目線でいえば、仮に要件定義によって成否の"否"になったとしても、それはシステム実装の失敗であり、本質的なプロジェクトの失敗とはいえません。

図5-1　システム構築における本当の失敗

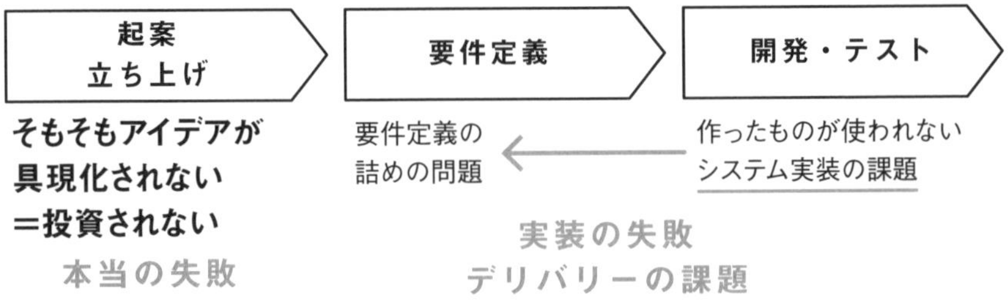

プロジェクトの目的はビジネスへの貢献です。したがって、そもそもアイデアが具現化されずプロジェクト化されない＝チャレンジすらされていないプロジェ

クトが本当の失敗です。

□ 第5章の内容

　事業会社にとって起案フェーズは非常に重要です。とはいえ、社内SE 1年生がいきなり起案フェーズの全てを任せられることはありません。社内SE 1年生は起案フェーズがどのように進められ、またプロジェクト全体にどう影響するのかを押さえ、スポットで支援する場合に対応できるようにしておく必要があります。

　多くの場合、プロジェクト実施の前年度などに企業戦略を元に各組織やチームで施策が検討されます。施策の見積もりが超概算で試算され、費用対効果や重要性から優先順位付けをして、新年度に推進するプロジェクトと予算が決まります。これが起案フェーズの大まかな流れです。

図5-2 **第5章の内容**

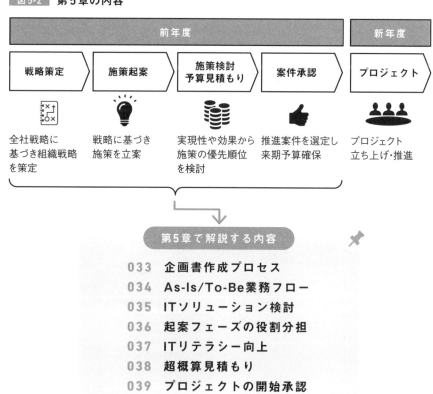

企画書作成プロセスを理解する

企画書が最終の成果物

起案フェーズで最終的に必要となる成果物は企画書です。企画書を作るために様々な情報を整理し、起案アイデアを具体化し、プロジェクト立ち上げへとつなげます。企画書のフォーマットは、企業によってシステムやExcelなどで定義されていることが多いです。

企画書を作り上げるために必要となるインプットは以下です。第5章では以下の項目にそって解説します。

図5-3　**企画書に必要なインプット**

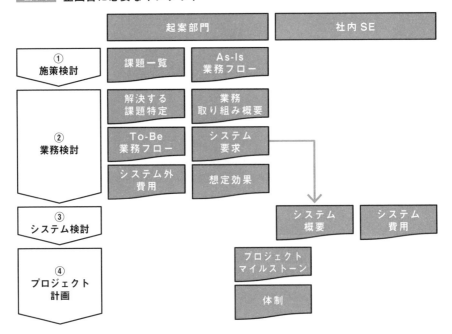

■ 企画の進め方

社内SE 1年生がまず押さえておきたいポイントは、企画書の作成主体は起案部門である点です。事業部門などから「XXXシステムの導入をしたい！」と、社内SEに相談が持ちかけられることがあります。こういう場合は本来検討すべきプロジェクトの目的をすっ飛ばし、手段であるシステム化が目的になりがちなので注意が必要です。起案部門の準備なしにシステム化の検討をすべきではありません。起案者の検討なしにシステム化を進めることは、何のためのシステム化なのかが不明瞭になり、本末転倒です。

企画の一般的な進め方は以下のようになります。

①施策を検討する

As-Is業務フローや既存サービスから課題を収集し、企業戦略に基づいて解決すべき課題を特定します。

②業務検討を進める

To-Be業務フローの検討を実施し、そこから見えてくるシステム要求を整理します。システム外で必要な予算に関しても見積もりをします。また、課題を解消することで想定される効果に関しても試算する必要があります。

③システム化を検討する

システム要求に基づき、課題をどのようにシステムで解決するのかを検討します。IT部門の戦略やロードマップと整合した打ち手を練る必要があります。

④プロジェクト計画を立てる

起案部門、社内SEそれぞれの検討事項が煮詰まっていくことでプロジェクトに必要となる体制やプロジェクトの大枠のマイルストーンを決めることができます。よく何をするかを決める前に体制やマイルストーンを決めてしまったりすることがありますが、そのようなアプローチでは結局、リソースが不足したり、そもそも無理のある計画になってしまいます。

以降のページでは、上記の①～④を社内SEが支援する場合にポイントになる点を解説します。

業務フローとは何か
理解する

■ As-Is/To-Be業務フロー

As-Is/To-Be業務フローは、業務の流れを図式化したものです。As-Is業務フローは現在の業務を可視化した図で、To-Be業務フローは未来の想定業務を可視化したものです。業務改善ポイントを洗い出したり、未来の想定業務を検討したり、ユーザートレーニング時に机上で業務の流れを説明したりする際に使用します。起案フェーズでは、To-Be業務フローから、どの業務プロセス部分をシステム化して改善できるかを検討します。

基本的にAs-Is/To-Be業務フローの作成主体は業務ユーザーです。よくある失敗に、社内SEが業務フローを作成してしまい、責任まで社内SEが負わされるケースや、起案フェーズからいきなり詳細化を試みて全体感を押さえられないケースなどがあります。誰が・いつ・どの粒度まで業務フローを準備するかを決めた上で、社内SEは業務部門の業務フロー作成を支援する必要があります。

■ 業務フロー検討のイメージ

業務フローの作成に関して、ある本では要件定義で検討と説明されていたり、他の資料では起案フェーズで検討と書かれているなど、様々な工程で業務フロー作成が登場し、「結局いつ作るんだ！？」という疑問がわくかもしれません。これは、どれも正解といえます。業務フローには粒度が存在します。起案フェーズ、立ち上げフェーズ、構築フェーズのそれぞれでAs-Is/To-Be業務フローの成果物が登場し、プロジェクトが進むにつれて粒度を詳細化し掘り下げていくイメージです。

起案フェーズではハイレベルな（抽象度の高い）業務フローを検討します。立ち上げフェーズでは、その業務フローに基づき詳細化を進め、構築フェーズでさらに詳細まで落とし込んでいきます。前工程での検討が甘いと、後ろの工程で粒度の粗い業務フローをベースに詳細化しなければいけなくなります。

業務フロー作成支援のコツ

業務フローは業務部門が作成する（はずです）ので、本書では細かな業務フローの書き方は割愛します。以下は社内SEの立場から見たポイントです。

①なければ促す

起案フェーズでは、本来はハイレベルなAs-Is/To-Be業務フローが作られるべきです。しかし、起案者が何もドキュメント化せずに構想の検討を進めてしまう場合もあります。そんなときは気がついた時点で、しかるべきドキュメント化を促す必要があります。

②社内SEは支援役

社内SEがたたき台として業務フローを作成したり、作成を支援したりするのは時として問題ありません。そのほうがプロジェクトを円滑に推進できる場合もあります。しかし、業務フローの責任を持つのはあくまでも業務部門です。

③社内で作られたフローがないか確認する

業務フローは社内で共有されるドキュメントです。表現や凡例などは、社内で過去に作られた業務フローに合わせたほうが後々楽です。社内の事例を探しましょう。

④1つ書いてもらい確認する

事前に書き方を統一しても、業務ユーザーがどれくらい書けるかは実際に見てみないとわかりません。早めに1つ書き上げてもらい確認しましょう。まったく業務ユーザーが書けない場合は、全体のタイムラインを見直したり、社内にトレーニングをしてくれる部署がないか上司に相談しましょう。

図5-4 業務フロー詳細化のイメージ

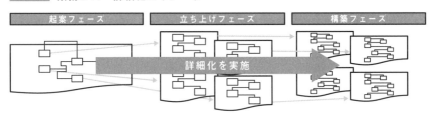

ITソリューションを検討する

■ ITソリューション検討

　業務ユーザーの要求に基づき、課題をどのようにITで解消できるかHowを検討することがITソリューション検討です。ITソリューション検討は、システム要求、プロジェクトの目的、IT戦略、ITロードマップ、既存システムランドスケープなどのポイントを加味して行う必要があります。

図5-5 ITソリューション検討のポイント

システム 要求	プロジェクトの 目的	IT戦略、 ITロードマップ	既存システム ランドスケープ

確認のポイント

どのような課題を解決 しようとしているか	要求が本来の目的にそ っているか	IT戦略やITロードマッ プとの整合性は	提案するシステムは、既 存のシステムランドスケ ープと整合するか

システム構築の 選択肢の提案

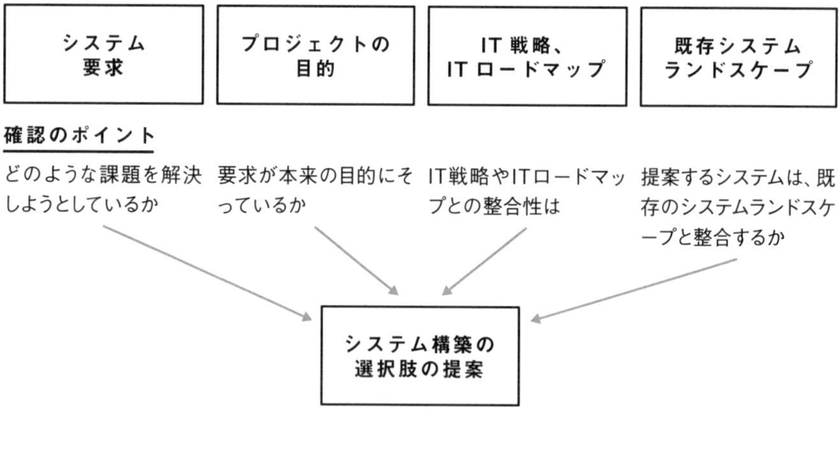

▼システム要求

　業務ユーザーが「XXXシステムがほしい！」などと要求してくる場合がありますが、これは間違った要求です。システムの提案は社内SEが行います。社内SEは、ユーザーのどんな課題を解決するための要求なのかを確認する必要があります。

▼プロジェクトの目的

DXやBPRなど改善手法により、プロジェクトは打ち手のスコープが異なります。要求の理解と並行してプロジェクトの狙いを理解し、整合が取れているか確認します。

▼IT戦略、ITロードマップ

受け取った要求だけをインプットにしてシステム化案を提案することはNGです。システムの提案は、部分最適ではなく全体最適を意識した提案である必要があるため、どのようなIT戦略やITロードマップが描かれているかを理解していなければいけません。例えば、全社方針としてクラウド化へ舵を切っている場合、いくら要求を満たすとはいえオンプレミスでのシステム構築の提案が本当に解となるのか慎重な検討が必要です。

▼既存システムランドスケープ

要求を元にシステムをプロジェクトごとに設計していてはサイロ化したシステムが出来上がってしまいます。システム要求を受領後、既存のシステムランドスケープとの整合性を確認します。整合が取れているほうが、当然、運用が簡素化されてコスト抑制につながります。

■ 提案で意識するポイント

上記の検討を元に業務部門に提案を行います。図5-6は、提案の一例です。

図5-6 提案の例

選択肢	業務 メリット・デメリット	システム メリット・デメリット	概算コスト（5年間の投資合計）	納期
既存システム改修	業務変化小	老朽化によりX年で新システムへの移行が必要	X千万円	Xカ月
パッケージ導入	業務変化大、業務標準化	パッケージの選定が必要	X千万円	Xカ月
SaaS利用	業務変化大、業務標準化	他領域で利用しているサービスと統合運用可能	X千万円	Xカ月
RPA	業務要件の50%のみ対応可能	特になし	X千万円	Xカ月

業務とシステム、それぞれのメリット・デメリットや概算コスト、想定納期で

まとめ、IT部門としてはどの案を妥当とするか提案を行います。何を重要視するかでシステムの方向性が決まります。

▼ビジネスに貢献できる仕組みを意識する

考えるべきは、特定のユーザーや業務を助け、かゆいところに手が届く仕組み（システム）ではありません。かゆいところに手が届く仕組み全てが悪ではなく、その仕組みで費用対効果が見込まれ、IT戦略やITロードマップ上問題がなければ検討可能ですが、やはり本筋は大勢の人が繰り返し行う作業をシステムで支援することです。社内SE 1年生がITソリューション検討に参画する際は、しばしば個別最適になりがちです。気をつけてください。

▼システムをサイロ化させない

事業会社はビジネスの構造上、個別最適やサイロ化されたシステムが構築されやすい傾向にあります。事業部門がIT部門より裁量や発言力を持っている場合が多く、その事業部門も国内外でバラバラになっていたりする構図が原因です。

社内SE 1年生は、サイロ化しやすい事業部門の構図を理解し、事業部門からの要求はすでに別の部署などで対応済みではないか、要求を他部署と統合できないかといった視点が必要です。同じ会社の類似するビジネスモデルやプロセスを

図5-7 事業会社のシステム構築の構図

サイロ化：各事業部の企画別にシステム構築

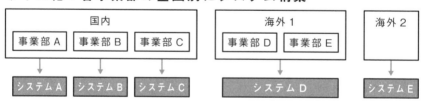

あるべき：施策を統合しプラットフォーム構築

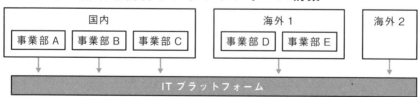

システムで支援するという観点から、要求を統合できる可能性は高いです。

■ サイロ化を避けるために

サイロ化を防ぐためのチェック項目をいくつか記載します。

▼IT戦略、ITロードマップを確認する

時間軸を未来に伸ばし、組織としてどのような方向に向かっているかを確認します。

▼要求に対応できるシステムの有無を確認する

過去のものや現在企画されているプロジェクトで、類似する要求に対応したシステムがないかを確認します。YESの場合、ライセンス追加などで対応できる可能性があります。

▼グループ全体で考える

会社組織全体で活用できる仕組みがないかを確認します。自社IT組織の中だけで考えず、関連会社や海外IT組織とも連携しITソリューションの最適化を模索します。

▼要求を鵜呑みにせず、本当に求めていることから検討する

多くのケースで、ユーザー部門は何を本当にシステムに求めているのか不明確です。社内SEはITのプロとして、ユーザーが本当に求めていること、解決したい課題を理解した上で提案を行います。

▼上司やプロジェクトマネージャを活用する

社内SE 1年生は知識、経験が限定的です。1人で仕組みを構築しようとするのではなく、ビジネスに貢献できる仕組みをチームで構築します。自分だけで解決しようとせず、上司やプロジェクトマネージャに相談し、チームでよりよい方向性を模索しましょう。

起案フェーズの役割分担を
理解する

役割分担の目的

　社内SEは、ITの側面からプロジェクトへの貢献を担います。丸投げしてくるような起案者に対して全てを請け負い、本来起案者が検討すべき内容まで巻き取る必要はありません。社内SEが巻き取りをしても、起案部門で解決すべき課題を人海戦術で回避しているだけで本質的な解決にはなりません。

「そうはいっても人がいないのだからしょうがない」と思うかもしれません。人手不足は、組織の優先順位の割り振りが原因かもしれませんし、採用力（企業アピールやブランディング）が不足しているからかもしれません。組織を正常に機能させるためにも、社内SEがすべきこと、起案者がすべきことを明確にして起案フェーズを進める必要があります。

　筆者の以前の上司で、起案フェーズで何も用意してこない事業部門に「検討も進んでいないなら時間の無駄だ！　しっかり検討してから来い！」と突き返した方がいました。とはいえ筆者も含めて大抵の方はそのようなアプローチは難しいはずですので、本書では穏便な進め方を解説します。

5つのステップ

　起案フェーズは、関連する人の数も限定的なため、プロジェクトマネジメントの管理手法や成果物の定義でガチガチに推進しようとしないことをお勧めします。とはいえ、成果物やマイルストーンを定義しないで、ただ会議だけを消化していては無為に時間が過ぎてしまいます。

　ポイントは、社内SEがある程度、事業部門に対してレールを敷いてあげることです。起案フェーズですべきことを理解し、事業部門に段取りを説明し、すべきタスクのスケジュールを組み、必要となる検討を促します。このように起案者の検討を支援してあげられる社内SEが今後求められます。ITのニーズが広がれば広がるほど様々な領域でITの検討が進められ、その検討のハブになるのが社

内SEだからです。以下は社内SEがレールを敷くためのステップです。

①自己紹介がてら相手を知る

事業部門の担当者はプロジェクト素人の可能性があります。社内SE 1年生と同様に、何にでも1年生は存在します。5年や10年くらい事業部門に在籍していても、プロジェクト経験があまりない人もいるものです。まずは、どこまでの支援が必要になりそうか自己紹介を通して相手を知る必要があります。

②社内のプロセスや締切日を確認する

企画の検討に入る前に、社内的なプロセスを頭に入れておきます。例えば、「いつまでに次年度の案件申請をしなければいけないか」などを上司に確認しておきます。これによって、どれくらいのスピード感で検討すべきかが決まります。

③現在の検討状況を確認する

事業部門の現在の検討状況を確認します。検討が進んでいる場合もありますし、そうでない場合もあります。現在の検討状況と起案者を知り、その上で必要となるアクションを検討します。初回の打ち合わせでは、図5-3に示した企画書に必要なインプットを元に検討状況を確認します。

④たたき台と称して検討を加速させる

たたき台という名目で、事業部門に検討内容を整理させます。そのたたき台をいつまでに共有してもらうのかも決めましょう。たたき台なら、成果物に比べぐっと作成のハードルが下がります。起案フェーズでは何度も試行錯誤を重ねアイデアを練り上げますから、たたき台と割り切って検討を加速させます。

万が一、たたき台すら取り決めた日付に作成してこない起案者は放っておくしかありません。無理やり起案フェーズを乗り切ったとしても、後続のフェーズで同じような状況に陥る可能性が高いです。実行力がなければプロジェクトは推進できません。本格的にプロジェクトを開始する前に、ここで止まるべきです。

⑤定例会をセットする

たたき台作りについて合意できたら、定例会を設定しましょう。定例会を設定すれば個別に会議日程を調整する工数を抑制できますし、起案者も定例会に合わせて検討を進めることができます。

ITリテラシー向上を助ける

よくある勘違い

　ときどき、事業部門起案のプロジェクトであるにもかかわらず、プロジェクトの作業はIT部門が勝手に全てやってくれると丸投げしてこようとする人がいます。

　社内SEが関わる事業部門起案のプロジェクトでは、検討の割合は増減しても、必ず起案部門による推進が必要な領域が存在します。図5-8の左側は、プロジェクトの施策とIT領域の関連性を図式化したものです。プロジェクトの施策の一部がIT領域です。よく勘違いされるのが右側で、IT領域がプロジェクトの施策の全てを埋めています。プロジェクトの主体は起案部門です。事業部門が起案部門の場合は、ITとIT以外の施策が混じり合います。プロジェクトは、その両方を進めることで前に進みます。

図5-8 プロジェクトの構図

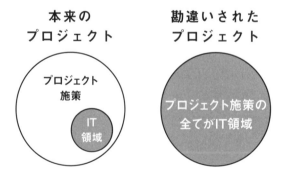

ITリテラシーが足りない

　勘違いの理由は、社内人材のITリテラシーが低いことが挙げられます。ITは

凄まじい勢いで進化を続けていますから、そのスピードについていくのに多くの日本企業が悪戦苦闘しています。多くの企業で、IT教育ができる人材が不足しています。

　また、日本の終身雇用制度も影響しています。ジョブ型雇用が増えたとはいえ、海外と比較すれば人材の流動性は低いままです。そのため、何度もプロジェクトを実施した経験のある事業部門や業務部門の人材が、他企業の類似プロジェクトに引っ張られて活躍するような場面はまだ少ないです。社内にITリテラシーの高い人材は限られているわけですから、ITリテラシーを上げるための教育が重要になります。

ITリテラシーを上げる方法

　システム導入の方向性が見えてきた段階で、社内SEがITリテラシー向上のために一役買うことをお勧めします。2つの方法を紹介します。

①ソリューションの講習会で学ぶ

　システム導入の方向性が見えてきた段階で、その領域をリードするソリューションの講習会への参加を促します。パッケージやSaaSの場合、導入SIerやパッケージベンダーにより定期的に講習会が催されています。社内SEだけでなく起案部門の担当者も一緒に参加してもらいます。

②導入済みの企業から学ぶ

　世の中には、すでに同様の課題を解決済みの企業がたくさん存在します。業界が異なれば競合にもならないので、思いのほか快くレクチャーを引き受けてくれたりするものです。ツテがない場合は①の講習会でパッケージベンダーと知り合いになり、そこから紹介してもらうことも可能です。

　社内SE1年生が①・②の舵取りまで求められることはほぼありませんが、プロジェクトマネージャなど上のポジションになるにつれて、このような試みが必要になると認識しておくべきです。また、経験のないシステム導入のプロジェクトにアサインされた場合、講習会などに自身で申し込み、その領域の知見を上げるアプローチを早い段階から覚えておくことは社内SEにとって非常に有効です。

超概算見積もりを行う

■ 超概算見積もり

超概算見積もりは、プロジェクトに必要となる予算を大枠で算出することです。社内SE 1年生が超概算見積もりを依頼されるケースはほぼないはずですが、社内SE 1年生のうちから将来の超概算見積もりに対応できるように準備することは有意義です。

超概算見積もりは、経験を元に自身で見積もり予算を確保するものです。社内SE 1年生には経験がありませんから、概算を弾き出すための観点を紹介します。

図5-9 超概算見積もりの算出観点

開発コスト	システムライセンス費用	パッケージや SaaS などの利用料
	システム構築費用	SIer に支払うシステム構築費
	インターフェース設計費用	既存システムとの連携構築費用
	テスター費用	システムテストなどで SES などにテストを依頼する費用
	各種インフラ費用	システム構築に必要なインフラ構築費
運用コスト	各種インフラ費用	クラウド利用料やサーバー維持費など
	運用保守費用	リリース後の運用費用

例えばSaaSを利用する場合は、構築費を安く抑えられたとしてもランニングでそれ以上のコストが発生する場合もあります。大規模プロジェクトの場合、一定額の旅費交通費なども含めておく必要があります。また、額はプロジェクトオーナーとの相談になりますが、不測の事態に備えるバッファ（予備費）も見積もりに加えます。

■ 見積もり情報の取得

プロジェクトがシステム改修の場合は既存ベンダーに問い合わせることで見積もりを取得できるので比較的容易ですが、新しい仕組みの導入は見積もりを弾くのも一苦労です。図5-10は、見積もり情報を取得するための選択肢です。

図5-10 見積もりの選択肢

見積もりの選択肢	内容
① Web で価格検索	パッケージや SaaS は Web で価格を確認できる場合もある
②第三者機関に相談	レポーティングサービス提供会社やコンサルティングファームなどを活用
③社内有識者にヒアリング	自社に導入実績がある場合は担当者に問い合わせる
④経験を元に自身で試算	自身の経験を元に大枠を試算。社内 SE 1 年生にはハードルが高いが、経験の蓄積で可能に
⑤ベンダーに直接問い合わせ	問い合わせ時点から営業活動を受けるため、問い合わせのタイミングは要調整

上記の選択肢を組み合わせることで見積もりの精度を上げることが可能です。
④・⑤は留意点があります。④は経験がない場合、ただの予想になってしまうこと、⑤はベンダーとのコミュニケーションにより、ベンダー営業に不要な営業活動をされてしまうリスクがあることです。

プロジェクトの開始承認を得る

承認プロセスのとらえ方

　社内承認プロセスをしっかり段取りしないと思わぬ時間がかかってしまい、プロジェクトの足を引っ張ります。まず初めに重要なことは、プロジェクトの承認プロセスのとらえ方です。これを無駄な工程と考えているうちは、有意義に承認プロセスを進めることができません。

　承認プロセスの中には形骸化して意味の薄れたものも存在するかもしれません。しかし、本質的に承認プロセスは社内のしかるべき人に構想を伝え、予算を確保し、GOサインをもらってプロジェクトを進める関所です。

　もし社内SE 1年生が承認判定会議などに参加するなら、必要な情報を包み隠さず準備し、問題点があるなら指摘いただきたいという気持ちで臨むべきです。承認判定会議をプロジェクトのヘルスチェックの場とポジティブに受け止め、準備すべきです。承認者のお墨付きを得られれば堂々とプロジェクトを進められるわけですから、承認者の胸を借りるつもりで臨みましょう。

承認プロセスの種類

　実際の承認プロセスは企業により異なります。図5-11は、プロジェクトで複数回登場する、承認プロセスの承認観点の違いをまとめたものです。フェーズごとに求められる内容や精度を理解しておきましょう。

　例えば、起案フェーズでは施策や予算の精度がまだ粗くハイレベルです。これは起案フェーズなので当然のことです。この認識が不足していると、起案フェーズにもかかわらず必要以上に具体化に時間を費やしてしまうなどに陥ります。

図 5-11 各フェーズにおける承認内容

フェーズ	承認内容	承認時期	施策精度	予算精度
起案	戦略との整合性や費用対効果から施策の推進可否を判断	年次	構想・粗い	概算・粗い
立ち上げ	施策を具体化しプロジェクト開始可否を判断	プロジェクト開始時	概要・高い	見積もり・高い
構築	予算や開発スコープの変更承認	随時	具体的	N/A

▼起案フェーズ

　IT戦略や費用対効果の観点から、起案された施策の検討を推進してもいいのかを審議します。戦略とかけ離れた施策や効果の望めない施策を承認してしまっては、組織内のヒト・モノ・カネを有効に配分できなくなります。この段階では、施策の内容も予算も概算であることがほとんどです。

▼立ち上げフェーズ

　施策の内容を詰めた上で費用対効果を精査し、プロジェクトを本当に開始すべきかを審議します。体制などの準備が整っているかの確認も行われます。

▼構築フェーズ

　プロジェクトが進めば当初想定していなかった変更などが入ってくるものです。構築フェーズでは、その変更の可否などを審議します。

■ 根回しの考え方

　承認プロセスを進めるために必要なのが根回しです。根回しというと聞こえが悪いかもしれませんが、ここでいう根回しは事前の情報共有です。

　承認判定会議に臨む前に、しかるべき人に情報共有して検討内容の精度を上げることは何ら問題ありません。事前に承認者に課題となる点を教えてもらい、修正した上で承認判定会議に臨んでも問題ありません。プロジェクトを意義あるものにする関所として承認プロセスが存在するわけですから、プロジェクトの質を高めるための活動は推奨されるべきです。

第5章の まとめ

社内 SE にとって本当の失敗は、案件がプロジェクト化されず検討すらされないこと。

本来検討すべきプロジェクトの目的を素通りして、手段であるシステム化が目的になっていないかに注意する。

誰が・いつ・どの粒度まで業務フローを準備するかを決めた上で、社内 SE は業務部門の業務フロー作成を支援する。

IT ソリューション検討は、ユーザーの機能要求に応えるばかりではなく、IT 戦略や既存システムランドスケープなどを総合的に加味して行う。

プロジェクト開始前に、導入予定のシステムの講習会や導入済み企業へのヒアリングによって社内人材の IT リテラシーを上げる。

要求はサイロ化しやすいもの。同じ要求をすでに他部署で対応していないか、他部署案件と統合して対応できないかといった検討が必要。

承認プロセスは、社内のしかるべき人に構想を伝え、予算を確保し、GO サインをもらってプロジェクトを進める関所。

プロジェクト立ち上げ

社内SE基礎	システム構築
第1章 社内SEを取り巻く概況	第5章 プロジェクト起案
第2章 求められるスキル	第6章 プロジェクト立ち上げ
第3章 運用保守と プロジェクト管理	第7章 要件定義
第4章 システム構築とは	第8章 基本設計と開発
	第9章 システムテスト
	第10章 移行
	第11章 リリースと運用

Intro »»»

システム構築の方向性が決まる

第6章で解決できる疑問

- プロジェクトを立ち上げるために必要なことは？
- RFI/RFPはどうやって進める？
- PoCとは？

□ 立ち上げフェーズの重み

　立ち上げフェーズは、要件定義以降で実際に行うシステム作りの方向性を決める重要な工程です。このフェーズの下準備によって構築フェーズの成否が左右されるといっても過言ではありません。

図6-1　立ち上げフェーズの重要性

立ち上げフェーズ　重要	要件定義以降のフェーズ
システム構築の方向性	実際のシステム構築

体制　システム　SIer　役割

ルール、ガバナンスなど

後続フェーズへ

□ 第6章の内容

　立ち上げと一口にいっても、プロジェクトの状況により実施すべき準備が異なります。例えば、自社開発やエンハンス開発の場合ならSIerの選定は不要で、自社開発チームや既存の運用保守ベンダーで見積もりや体制構築を進めます。一方で新しいパッケージを導入するとなった場合には、プロジェクト起案での要求事項を元にRFI/RFPなどでSIerを選定する必要があります。その上でSIerと交渉します。また、並行してプロジェクトの本格稼働に向けて社内の体制も構築します。

　社内SE 1年生でも、このフェーズから実際の作業を割り振られて部分的にでも推進する可能性が高くなるため、各タスクの理解が必要になります。

図6-2　第6章の内容

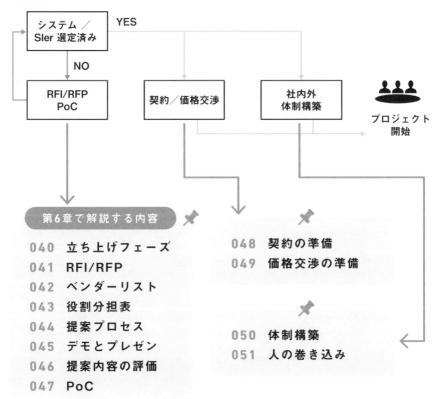

立ち上げフェーズの
全体感を理解する

関連する用語

立ち上げフェーズに関連する用語を図6-3にまとめます。これは、立ち上げフェーズでの成果物でもあります。

図6-3 立ち上げフェーズ関連用語

用語	内容
NDA／秘密保持契約書 (Non-Disclosure Agreement)	自社の機密情報を漏洩しないことを約束する文書。スタートを切るために必要。
RFI／情報提供依頼書 (Request For Information)	取引予定のベンダー各社に、取り扱い製品やサービスの実績などの情報を提供してもらうための文書。
RFP／提案依頼書 (Request For Proposal)	取引予定のベンダー各社に、システム開発のサービスや製品などを提案してもらうことを依頼するための文書。
MSA／基本契約書 (Master Service Agreement)	製品ベンダーやSIerと取りかわす契約文書。MSAがある場合、個別契約書やSOWはMSAに基づいて作成する。例えばSIerの人月レートなど。
個別契約書	MSAに基づきプロジェクト単位で取りかわす契約文書。MSAは一般的内容のため、プロジェクト個別で、必要となる事柄を考慮の上で作成する。
SOW／作業範囲記述書 (Statement Of Work)	個別契約書を取りかわす際に見積もりの前提になる、作業範囲を定義する文書。

立ち上げフェーズの全体像

図6-4では上段に起案フェーズ、下段に立ち上げフェーズを置いています。立ち上げフェーズは、起案フェーズで検討された内容をインプットにシステムや

SIerの選定を行います。

　例えば、立ち上げフェーズでパッケージ選定のRFPを実施する場合、そのRFPにハイレベルなTo-Be業務フローを記載し提案を依頼します。もし前工程でTo-Be業務フローの検討がお粗末だった場合には、しかるべき粒度まで情報を煮詰める必要があります。

図6-4　起案フェーズから立ち上げフェーズへ

起案フェーズ				
目指すサービス	To-Be業務フロー	As-Is業務フロー	既存サービス	課題
課題の解決法	業務取り組み	開発概要	費用対効果	プロジェクト期間

起案フェーズでの検討内容がインプット

	プロセス	成果物	補足
立ち上げフェーズ	体制構築	体制図	プロジェクト開始に必要な体制を構築
	NDA締結	NDA	秘密保持契約を締結
	提案依頼	RFI RFP	RFI/RFPを作成し、ベンダーに提案を依頼
	提案評価	評価表	ベンダーからの提案内容を評価
	契約・価格交渉	見積書 MSA SOW	ベンダーと契約交渉
	社内承認	承認資料	社内で正式に承認
	契約締結	MSA SOW	ベンダーと契約締結
	開発体制構築	体制図	開発のための体制を構築

RFI/RFPを作る

RFI/RFP

　RFI/RFP（情報提供依頼書／提案依頼書）は、ベンダーに何かを提案してもらう際に使用する文書です。起案フェーズで特定された課題を解決する手段を選ぶために使用します。RFIは製品情報などの情報収集に利用し、RFPは入札にあたっての提案をもらう際に活用します。

図6-5　**RFI/RFPのプロセス**

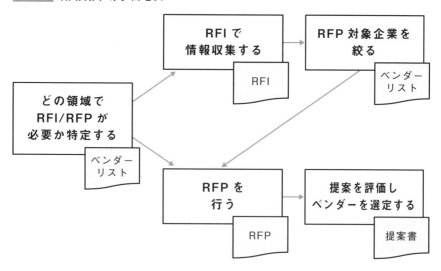

RFI/RFP実施領域の選択肢

　まずは、システム構築プロジェクトのどの領域をRFI/RFPの対象にするか検討します。既存システムのエンハンス開発なら、ほとんどの場合、既存の運用保

守ベンダーに見積もりを依頼しますが、新システム導入なら、どの領域について
ベンダーに提案依頼するのか決める必要があります。RFI/RFPで検討すべき領域
には、業務領域、IT領域、そしてプロジェクトマネジメントなどの共通領域があ
ります。社内SE1年生がこの決定に直接関与するケースは少ないものの、RFI/
RFPを支援するには前提となる考え方の理解が必要です。RFPの場合を、図6-6
を用いて解説します。

図6-6 **RFP実施領域の選択肢**　　　　　　　　　　緑字＝依頼　　黒字＝自社実施

	パターン① ベンダーに 全領域を依頼	パターン② ベンダーに IT領域を依頼	パターン③ ベンダーに 開発のみ依頼
業務領域	業務標準化	業務標準化	業務標準化
IT領域	システム ライセンス	システム ライセンス	システムライセンス
	システム導入	システム導入	システム導入
共通領域	全体プロジェクト マネジメント	全体プロジェクト マネジメント	全体プロジェクト マネジメント

　プロジェクトは、業務領域、IT領域、共通領域のそれぞれの活動が必要です。
業務部門はシステムライセンスとシステム導入をするSIerさえ決まればプロジェ

クトは進むと勘違いしがちですが、実際には業務領域やプロジェクトマネジメントの領域も誰が実施するのかを決めなければいけません。図6-6では、例として、業務領域では業務標準化活動が存在し、IT領域ではライセンス購入と導入の活動が存在し、全体のプロジェクトマネジメント活動が共通で存在するとしています。そして、パターン①〜③まで3つの選択肢を図式化しています。

パターン①　ベンダーに全領域を依頼

　業務領域、IT領域どちらも提案してもらう選択肢です。社内リソースが枯渇している場合や、社内に専門性を有する部署がない場合などに適用される進め方です。業務変革と足並みをそろえてプロジェクトを推進しやすいメリットがあります。

パターン②　ベンダーにIT領域を依頼

　ベンダーにシステムの提案から導入までを先導してもらいます。RFPに記載する課題や要求を満たすシステムを提案してもらいます。それに伴う業務変革などは社内リソースでの実施を想定した進め方です。

パターン③　ベンダーに開発のみ依頼

　システムを選定済みの場合は、システム導入部分のみベンダーに提案依頼をします。

RFI/RFPの目次例

　RFIは情報提供依頼書ですから、Webなどで公開されていない製品やサービスに関する情報提供を依頼します。RFPでは、候補となる製品やサービスに関する提案を依頼します。

　図6-7は、RFI/RFPに記載すべき項目の例です。以下を元にプロジェクトに合ったコンテンツを用意することでRFI/RFPを実施できます。

図6-7　RFI/RFPの記載項目

項目	内容	RFI	RFP
背景・目的	なぜ自社に今回のプロジェクトが必要か、何をこの取り組みで達成しようとしているのかといったプロジェクトの背景や目的を記載。RFIでは簡潔に記載し、RFPではより具体的にするイメージ。	○	○

項目	説明		
自社紹介	ベンダーは業界・業種で得手不得手もあるため、自社ビジネスの概要について情報提供する。	○	○
提案内容	RFI/RFP で提案してもらいたい内容を記載。製品に関する一般的な提案を希望するのか、SIer としてシステム導入の提案をしてもらいたいか、など。	○	○
タイムライン	RFI/RFP の回答期限や、RFP の場合はその後のデモやプレゼンのスケジュール感など。	○	○
連絡先	RFI/RFP に関する問い合わせ窓口。	○	○
前提条件・応札要件	提案する上でベンダーに理解しておいてもらいたい前提条件や、応札者が満たしている必要がある要件を記載。		○
プロジェクトスケジュール	いつまでにプロジェクトのゴールを達成したいのかを記載。目標としたいマイルストーンがある場合は、その点も記載。		○
プロジェクトスコープ	今回のプロジェクトの範囲を記載。全社でのプロジェクトなのか、部分的領域でのプロジェクトなのか。SIer にシステム構築支援のみ求めるのか、業務支援も含むのか、など。		○
体制・役割分担	想定する体制や役割分担を記載。RASCI（130 ページ）を作成し共有することで、ベンダーに期待することを明確にできる。役割分担の認識齟齬は見積もりに影響を及ぼすため重要。		○
補足資料	起案フェーズで検討した As-Is/To-Be 業務フロー、IT ロードマップ、既存システムランドスケープなど、公開可能な範囲での情報提供は有効。		○
機能要求一覧	パッケージ導入の場合のシステムに備えたい機能を記載。ベンダーは機能要求一覧に基づき自社製品で実装／対応が可能かを回答する。		○
デモ・プレゼン概要	ベンダーによる製品デモや、プレゼンによる提案内容の説明会を想定している場合に記載。RFP 時点で詳細未定の場合は、追って連絡する旨を記載する。		○

ベンダーリストを作る

■ ベンダーリスト

　ベンダーリストは、RFI/RFPによって提案を受けるベンダーをリスト化したものです。世の中にベンダー≒SIerは多数存在します。その中から提案を依頼するベンダーを特定する必要があります。ベンダーリストを作成しないと、昔なじみのベンダーばかりで、自社の要求に最適なシステム導入支援をしてくれるベンダーから提案をもらえないリスクがあります。企業によっては間接購買部門がこの活動を支援する場合もあり、自社の進め方の確認が必要です。

■ ベンダーリストのための情報を集める

　社内SE 1年生がどのベンダーに提案依頼をするか1人で判断することはありませんが、支援の役割を担うことはあります。ベンダーリスト作成のための情報収集手段をいくつか紹介します。

▼社内の有識者からアドバイスをもらう

　上司やCIOなどIT部門内の有識者へのヒアリングは有効です。視野を広げ、海外現地法人、他事業部、関連会社などからの情報収集も有意義です。例えば、ある現地法人ではAというソリューションを選定し、今回Bを選定した場合、「類似する自社ビジネスのはずなのに、なぜAではなくBなのか？」「Aへのソリューション統合をなぜ検討しなかったのか？」といった、プロジェクト開始を判定する承認プロセスで問われることなどについても情報を得られます。

▼第三者機関を利用する

　世の中にはガートナー社のようにソリューションを比較・評価し、レポーティングサービスを提供している企業が存在します。ガートナー社などのレポートは、ネット検索で比較的容易に入手可能です。

▼セミナーに参加する

　多くの場合、パッケージベンダーなどは定期的にセミナーを開催しています。そのベンダーが提供するパッケージやサービスのよい点を重点的に情報収集することになりますが、製品知識を一気に高めることができます。

▼導入済み企業の声を聞く

　セミナーなどに参加すると、パッケージベンダー経由でレファレンスとなる導入済みの企業を紹介してもらうことができます。また、セミナーに導入企業が招待され、実体験を共有してくれることもあります。

　そのようなコネクションを生かして導入済み企業にヒアリングすることで生の声を収集することができます。もっとも、その製品を導入して、ある程度満足している企業の声という点には注意が必要です。

▼インターネットで検索する

　もちろんネット検索も有効ですが、注意点が2つあります。マーケットリーダーの情報が検索上位に表示される点と、ベンダーによって作成された他社比較情報は、あくまでもそのベンダーが主観的にとらえたものであるという点です。誰がどの立場で発信した情報であるかに注意が必要です。

図6-8　情報収集手段

有識者
第三者機関
セミナー
導入済み企業
ネット検索

ベンダーリスト

広く情報を収集し
対象ベンダーを抽出

役割分担表を作る

RASCIの書き方

　プロジェクトでよくありがちなのが、SIerとの役割分担で認識齟齬が生じ、コスト増や進捗遅延が発生してしまう失敗です。このような失敗を防ぐために、役割分担表で、誰がどの役割を遂行するのかをはっきりさせる必要があります。

　役割分担表はRASCIともいわれます。R（Responsible）は実行責任者、A（Accountable）は説明責任者、S（Support）はサポーター、C（Consulted）は相談先、I（Informed）は報告先や共有先を表します。このRASCIを社内関係者と読み合わせることで、想定作業のコンセンサスができます。さらにRASCIをRFPに添付することで、期待する役割をベンダーと認識合わせすることが可能です。なお、RASCIのSを除いたRACIで役割分担を定義する場合もあります。図6-9は、RASCIを記載した例です。左にプロジェクトで発生する作業や役割を記載し、右側に登場する部署や人物、RASCIを記載しています。

図6-9　RASCIの記載例

フェーズ	項目	内容	業務部門	社内SE	SIer
要件定義	要求定義	ビジネス要求を定義	R/A	S/I	C
	機能定義	ビジネス要件を機能仕様に変換し必要機能を定義	A/S	S/I	R
	システム仕様定義	機能定義を元にシステム仕様を定義	I	A/S	R
	ソリューションアーキテクチャ定義	全体のシステムアーキテクチャを設計	I	A/S	R
	エンタープライズアーキテクチャ定義	システムランドスケープにおける全体アーキテクチャを設計	I	R	A/S

作業内容を記載　　　　　　　　RASCIを記載

■ RASCIの役割

RASCIの役割はいくつかありますが、役割の1つはRFPに添付しベンダーから提案や見積もりをもらうこと、そして社内の関係者と合意形成を図ることです。

▼役割分担が不明確な場合はいったんRをベンダーに付与

この段階では、自社でその作業を実施するのか否かまだ不透明な作業も存在します。その場合は予算上問題にならないように、いったんベンダーにRを付けて提案を受けるのも手です。

▼社内関係者とも合意しておく

構築フェーズではより多くのメンバーが参画し、プロジェクトを推進していきます。その際にRASCIを初めて目にするようでは認識齟齬の危険があります。後続のフェーズで関連しそうなキーとなる人物には、RFPで提案を依頼する前にRASCIで役割分担を確認しておく必要があります。図6-10は、社内で役割分担を確認する際のポイントです。

図6-10 社内でのRASCI確認ポイント

カテゴリ	内容
プロジェクト マネジメント	ベンダーに提供してもらうプロジェクトマネジメントの範囲。全体のプロジェクトマネジメントをしてもらうか、開発部分のみプロジェクトマネジメントをしてもらうか、など。
要件定義	ベンダーに要件定義をどこまで支援してもらうか。業務部門とすり合わせる。例えばAs-Is/To-Be業務フロー構築など。
データ連携	既存システムからデータを移管する際のデータの連携について、どこまで自社で実施する想定か、どこまでベンダーによる支援を期待するか。
テスト	テストの準備・支援にベンダーにどこまで関与してもらうか。
トレーニング	どのレベルのユーザーまでベンダーにトレーニングを支援してもらうか。例えばSIerに全社員をトレーニングしてもらうか、限定メンバーとするか、など。
展開・導入	導入拠点が複数存在する場合、どの拠点の導入までをベンダーに支援してもらうか。
リリース後	リリース後、どれくらいの期間、ベンダーに臨戦態勢を維持し支援してもらうか。

提案プロセスを理解する

■ 評価の進め方

RFP、RASCIがそろったら提案を依頼します。図6-11は、図6-4（123ページ）の提案依頼と提案評価プロセスを細分化したものです。評価するために、評価軸を作成したり、デモやプレゼンをしてもらうための調整をします。

図6-11 RFP作成後

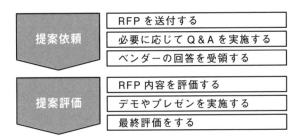

■ 評価時のポイント

上記の流れで提案依頼と評価を進めますが、いくつかポイントがあります。

▼NDA（秘密保持契約）についてRFP送付前に確認する

RFIでは機密性の高い情報をベンダーに提示しませんが、RFPでは提案を受領するために自社の機密性の高い情報が含まれます。そのため、RFP送付前にはNDAを締結するかどうか確認する必要があります。

▼RFP送付のタイミングをそろえる

RFPは公平に進めなければいけません。そこで、各ベンダーにRFPを送付する

タイミングもできるだけそろえる必要があります。10社にRFPを依頼するのに1社だけ送信が遅れてしまっては、そのベンダーは十分な資料準備時間が取れず、提案内容に差が生じてしまうかもしれません。RFPは、公平性を意識する必要があります。

▼ベンダーの質問に対応する

RFPにQ&A記入リストを添付し、ベンダーの疑問点を記入してもらい受領します。回答は、質問を受けていないベンダーにも配布し、情報に差が出ることを予防します。

▼評価者と評価軸に注目する

評価者と評価軸が決められますが、社内SE 1年生は評価者に選考されない場合がほとんどです。ただし、そうであっても自分なりの評価を実施しましょう。評価者と自分の判断の観点の違いを認識することは自身の成長につながります。

▼RFPに記載する段取りに注意する

図6-12は、ベンダーに公開する段取りの例です。ポイントは、ベンダーが十分な時間を取れる日程にしている点と、いつ何の情報を提供し、またベンダーに提供してもらうかを明らかにしている点です。最終選考結果だけ曖昧にしていますが、これは全RFP作業完了後にベンダーからの催促をかわすことが狙いです。規模が大きく関係者も多いプロジェクトは最終決定が一筋縄ではいかないこともあるので、あらかじめ保険をかけておきます。

図6-12 ベンダーに公開するタイムラインの例

日付	内容
6/1	RFP 送付
6/2 〜 6/12	メール、対面による Q & A
6/20	RFP 回答提出期限
6/21 〜 6/25	提案内容評価、テーラーメイドデモ実施
7/1	一次選考結果連絡
7/1	カスタムデモ内容説明
7/2 〜 7/10	カスタムデモ実施
7 月末ごろ	最終選考結果連絡

デモとプレゼンを依頼する

■ デモとプレゼンの目的

RFPに対してベンダーから提案を受領します。提案を読み込むことはもちろん、ベンダーに製品デモやプレゼンを実施してもらい、さらに情報を取得します。社内SEは、このデモやプレゼンを単なる選定の機会ととらえず、自身を含む自社メンバーが外部のIT技術や導入ノウハウに触れられる学びの機会ととらえるべきです。

図6-13 RFPにおけるデモとプレゼン

選定対象	分類	特徴
システム、サービス	テーラーメイドデモ	・製品の一般的な利用方法や標準機能の理解のために行う。 ・選定対象のシステムやサービスが多い場合、テーラーメイドデモを実施して一次選考などに利用する。 ・汎用的なデモのためRFPでの要求を満たすかどうかの判断が難しい。
	カスタムデモ	・テーラーメイドデモと異なり、自社のユースケースやRFPでの依頼内容を反映する。 ・自社の要求をどのように満たすか検証が可能。 ・デモのためにベンダーとデータ連携する場合もある。 ・最終選考などに利用する。
導入Sler	プレゼン	・システム構築のアプローチなど、ベンダーによるRFPに対する提案内容の説明。 ・システム選定とベンダー選定を別々に実施することもあるが、RFPでの要求によっては、ベンダーにシステム・サービスの提案とあわせて導入の提案までしてもらう場合もある。

■ デモの注意点

図6-13を見ると、テーラーメイドデモを飛ばしてカスタムデモから始めたほうが自社の要求を満たすかどうか効率的に判断できそうに思えますが、注意点があります。

▼学びの機会が減る

RFPにおけるデモとプレゼンは有効な学びの機会です。カスタムデモは自社の要求をベースに実施されますから、本来自社にとって有益な機能を知る機会を逃してしまうリスクがあります。

例えば、自社の要求では受注や出荷を効率化できるシステムを目指しているとします。この部分はカスタムデモで比較することができます。しかし、自社の要求にはない、AIを活用した自動受注仕分けや自動倉庫拡張機能など将来の業務効率化が大きく見込まれる機能まで知ることはできません。まずはテーラーメイドデモで一般的な知識を広げ、その上で自社の要求にどう対応できるかを確認することをお勧めします。

▼カスタムデモは工数がかかる

候補となっている全てのベンダーとカスタムデモに向けて準備を進めることは相当な工数がかかります。そこで、まずはテーラーメイドデモを実施して数社に絞り込み、その絞り込んだベンダーとQ＆Aを重ね自社の要求を理解してもらい、その上でカスタムデモを実施するというやり方があります。

対象を絞ることで、ベンダーに提供する情報の質、ベンダーからの提案の質が高まり、それは結果的に自社の要求に合致したシステムを選定することにつながります。

提案内容を評価する

■ 評価のための役割

選定のための評価には唯一無二の答えはありません。プロジェクトとして何を重視するかで、どの製品やサービスが最適かは変わります。評価には、定量評価と定性評価があります。プロジェクト関係者で合意形成し、評価の重みを決める必要があります。ここでは定量的に評価する場合を例に解説します。なお、図6-14のHowに当たる部分は割愛します。

図6-14 評価のための準備

Who 評価者	What 評価軸	How 評価方法
誰が評価し 最終的に意思決定するか	どのような観点で評価するか 評価観点の重みを どう設定するか	どのようなツールや ドキュメントで 評価作業をするか

企業力評価　導入実績評価
体制評価　機能評価
デモ評価　価格評価

評価を進めるために、社内で誰がどんな役割を持つのかを決める必要があります。大規模プロジェクトでは関係者が多く、中には責任や能力の観点から評価すべきではない人もいるものです。

定義する役割は、意思決定者（評価者が下した評価に基づき最終決定を行う人）、評価者（提案内容やデモの内容に基づいて採点を行う人）、コントリビューター（デモなどに参加し意見を述べることはできるが、直接的な評価はしない人）の3つです。

■ 評価軸と評価結果

評価者の評価プロセスを、評価軸を決めることで支援します。評価者が評価軸に従って評価を実施し、それを集計した評価結果をプロジェクトオーナーなどの意思決定者が決裁します。図6-15は評価軸の例です。

図6-15 評価軸の例

評価軸	内容
企業力	企業の信頼性
導入実績	類似する業種や業態での導入実績
体制	プロジェクトにアサインされるメンバーの体制
機能	機能要求の充足度
テーラーメイド・カスタムデモ	製品に関するデモ
価格	価格や契約条件

図6-16は、評価結果がどのようにまとまっていくかのイメージです。一次選考を行い、残った2社のみカスタムデモを実施してもらい、それをもって最終評価を下しています。

図6-16 評価結果の例

	重み	A社	B社	C社	D社	E社	F社
企業力	10%	10	10	5	5	5	5
導入実績	15%	10	10	10	10	5	5
体制	15%	10	10	10	10	5	5
機能	20%	20	20	15	10	5	5
テーラーメイドデモ	20%	15	15	10	10	5	5
価格	20%	1億円	1億円	1億円	1億円	1億円	1億円

上記の結果からA社、B社のみカスタムデモを実施

カスタムデモ		15	20				

上記の結果から意思決定者にB社製品を推薦

RULE 047

必要に応じてPoCを行う

▓ PoCの目的

　プロジェクトの目的はビジネスに貢献することで、推進が目的ではありません。決められたマイルストーンどおりに進むように最善を尽くすことはもちろん重要ですが、それ以上に重要なのは、必要な準備が整っていない場合にしっかりとエスカレーションを行い、しかるべき行動を取ることです。

　プロジェクトにおいて不明確な部分の検証に活用できるのがPoC（Proof of Concept／机上検証・概念実証）です。不透明な部分をクリアにし、失敗するリスクを減らすことができます。例えば、ソリューション導入の際に説明やデモを受けたものの、そのソリューションが自社の要求を満たすのか不透明な場合、PoCで部分的に机上検証を行います。

　したがって、PoCは検証によって白黒をつけることが目的です。裏返すと、検証するべき観点を明確にせず何となく成り行きで実施してしまうことは失敗PoCといえます。

▓ PoCの進め方

　PoCの進め方は、①検証すべき部分を特定する、②検証のゴールを定義する、③検証の準備をする、④検証を実施する、⑤判断する、です。

　初めに①をプロジェクト内で合意する必要があります。②をおざなりにすると、PoCを行ったけれど、モヤモヤしたまま何となく本番プロジェクトに突入してしまうなどになりがちです。③は何を検証するかによりますが、例えばベンダーから検証に必要な提案をもらいます。開発が伴い費用が発生することもありますが、交渉次第ではベンダーの持ち出しとなる場合もあります。そして検証を行い、当初定めたゴールと比較して判断を行います。

■ PoCのコツ

PoCを進めるためのコツをいくつか紹介します。

▼検証すべき観点を明確にする

PoCで検証すべき観点がプロジェクト内で浸透していないと、ベンダーにPoCを推進してもらったとしても、本来検証が必要ではないことまで気になったりして効果的に進めることができません。PoCで何を検証するのか確認点を精査して絞り込み、それを関係者で共有することが必要です。

▼ダラダラやらない

PoCに時間をかけすぎて本番プロジェクトの勢いが削がれることがあります。適切な絞り込み、早い検証、早い判断を意識する必要があります。

▼判断する人を明確にする

PoCは、本番プロジェクトを進めるかどうか判断するのが目的です。物事を決める上で不確実性はつきものですから、予定していた検証を実施しても全ての不安が払拭されるわけではありません。最終的な責任を誰が持って判断するのか事前に決めておく必要があります。

▼本番プロジェクトへの合流方法を事前に決める

PoCで部分検証した情報や検証のために構築したシステム環境は、うまく計画すれば一部をそのまま本番の開発に利用できたりします。PoCの結果によってはそこでそのシステムの検討を中止することもありますが、PoCがうまくいった場合のシナリオも事前に計画することで、効率的にプロジェクトを推進できる可能性が高まります。

▼PoCのための予算を検討する

PoCはベンダーの営業活動の一環として実施してもらうこともありますが、タダだったとしても満足のいく検証ができなければ意味がありません。確認が必要な点をクリアにし、ベンダーと協議し、契約をして進めるやり方がセオリーです。そのやり方でPoCを実施することで、成果物を定義して進めることが可能になり、PoCの質が上がります。

RULE 048

契約に向けて準備を進める

▨ 契約なしの先行着手はNG

　契約で一番大事なポイントは、契約なしに開発を始めない・始めさせないこと（NO先行着手）です。まさかと思うかもしれませんが、例えば、既存システムの改修なら日ごろからベンダーと会話する機会があり、雑談ベースで実現したいことを伝えられます。ベンダーも工数が空いていれば自社のエンジニアに油を売らせたくありません。こうして、なし崩し的に先行着手となることがあるわけですが、仕事をしてもらえば当然、対価を払う必要があります。契約なしの作業は必ずトラブルになります。図6-17は、契約締結までの流れをまとめたものです。これは、自社とベンダーの間でまだ何も締結されていない前提で図式化しています。

図6-17 ベンダーとの契約締結の流れ

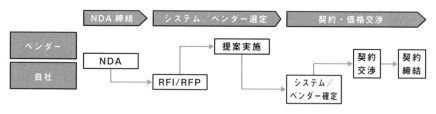

　まず会社間でNDAを締結します。これを忘れてしまうと機密情報が他社に漏れるリスクが発生します。その後、RFPで提案を依頼しベンダーを選定します。選定されたベンダーとMSA（基本契約書）に基づきプロジェクト個別の契約を締結し、プロジェクトを開始します。MSAを締結し個別契約を結ぶ方法と、MSAなしで個別契約する方法があり、プロジェクト内で詰める必要があります。

▨ 請負契約と準委任契約の違い

　個別契約を進める際には、契約についての理解が必要です。契約の選択肢は、

(一括) 請負契約か準委任契約です。

図6-18　請負契約と準委任契約

	請負契約	準委任契約
内容	契約時の見積もり金額を支払う契約。成果物の完成責任を負う。	開発にかかる工数に対して支払いを行う契約。業務遂行責任を負ってもらう。
特徴、リスク	・検討漏れが発生した場合、追加コストが必要になる。 ・ウォーターフォール開発での適用が多い。	・想定外の作業も契約時間の枠内であれば比較的容易に調整が可能。 ・担当者の能力不足で時間超過したり、自社の他プロジェクトの影響で遅延した場合も費用に影響する。
契約例	・小規模な改修プロジェクト ・ウォーターフォール開発の構築フェーズ	・小規模から大規模な改修プロジェクト ・ウォーターフォール開発の要件定義やリリース後支援 ・アジャイル開発

　どちらの契約も一長一短があります。もし社内SEのあなたが契約関連の支援を任されたら、非常に重要なため、プロジェクトマネージャとコミュニケーションを密に取り慎重に進める必要があります。
　次に契約書のチェックポイントについてまとめます。

▼契約書をないがしろにしない

　ベンダーを信じきって契約書をろくに読まずに契約するようなことをしてはいけません。特に外資系ベンダーにとっては契約書が全てです。問題が起きた際のよりどころは契約書やSOW（作業範囲記述書）です。特に長期プロジェクトでは、契約当時の担当者はすでに離職し、当初の検討内容は契約書だけが頼り、といったことも起こります。必ず自分で読むことを徹底しましょう。

▼支払いに注目する

　いつ・いくら支払う契約か必ず確認します。自社の予算の立て方にも関わってきます。

▼変更管理やトラブル対応に注目する

　不測の事態は必ず発生します。不測の事態にどういったスキーマで契約内容の変更に対応するのかは契約で合意し、契約書に記載しておくべきことです。

価格交渉のための準備をする

支払う価格と受け取る価値

　もし目の前に見積もり100万円のプロジェクトと、見積もり1,000万円のプロジェクトがあったとしたら、どちらを進めるべきでしょうか？

　答えは、（予算の範囲内で）投資対効果が高いプロジェクトに投資する、です。例えば、100万円のプロジェクトは年間20万円の効果を生み出すとします。一方で1,000万円のプロジェクトは年間1,000万円の効果を生み出す場合、進めるべきは1,000万円のプロジェクトです。金額の大小ではなく、もたらす価値に焦点を当てて判断する必要があります。もちろん、投資対効果は判断軸の1つで、他には例えば法定要件の観点から判断することなどもあります。

見積もりの確認ポイント

　ベンダーから提示された見積もりを精査するために、いくつか押さえておきたい点があります。

▼しっかりと読む

　一にも二にも読むことが重要です。「いつも仕事をしているベンダーだから大丈夫」「長文すぎて面倒」などと思ってはいけません。読みもしないようでは交渉の余地などありません。

▼カスタム対応とは

　ベンダーの提案書に「カスタム対応可能」などと書かれていることがあります。カスタムの定義は各社各様で、カスタムという名の追加開発の場合もあります。その場合の費用や保守性を確認すべきです。標準機能で実現できない部分はソフトウェアのアップデートが自動適用されるのか、または追加作業が必要になるのかなども確認しましょう。

▼Apple to Appleで比較する

A社1億円、B社8,000万円の見積もりがあるとします。金額でいえばB社ですが、B社に業務要件の整理が含まれていない場合、どちらが本当に安いのかわかりません。条件や前提がバラバラでは見積もりを比較できません。

▼エンジニアのコストの妥当性

ベンダーが提案するエンジニアのレベルと、その単価にギャップがないか確認します。ときどき、SEにマネージャと同じ単価が設定されていたりすることがあります。エンジニアのレートが企業間で合意した金額に基づいているか（存在しない場合は過去のレートを参照など）、そして適切な役割のリソースを各工程に配置しているかを確認します。例えば、開発作業期間にコンサルタントは必要ありませんし、リリース後には大勢の開発者は必要ないといった具合です。

▼注釈も抜け漏れなく読む

見積もりの下部に注釈事項や前提条件が記載されていることがあります。注釈だからと読み飛ばしてはいけません。例えば、「製品へのデータ投入は御社で実施する想定」といった非常に重要な文言が記載されていたりします。こういった部分を見逃してしまうとベンダーとの認識離齬の元になります。

▼ライセンス契約に目を配る

システムやSaaSなどのライセンス契約には、CPUライセンスやユーザー数などの様々な課金モデルがあり、どんな内容か理解が必要です。要件定義初期はシステムライセンスが不要だったり、リリースの1拠点目はユーザー数が限定的だったりすることもあるので、ライセンス購入のタイミングも確認します。

▼見積もりに含まれない部分を教えてもらう

自社でプロジェクト経験が少ない場合などは、確認を重ねても不明点がなくならないことがあるはずです。この場合、ベンダーに見積もりに含まれない部分は何かとストレートに聞くのも手です。不明点がわかるだけでなく、ベンダーのパートナーとしての誠意も確認できます。

要件定義に向けて
体制を構築する

■ プロジェクト成功のための体制

　どんなに素晴らしい起案でもプロジェクトを完遂できなければ絵に描いた餅です。プロジェクトを成功に導く重要な要素の1つが、人＝体制です。図6-19に示すプロセスで体制を検討し、適切な人材がプロジェクトにアサインされるようにします。

図6-19 体制構築プロセス

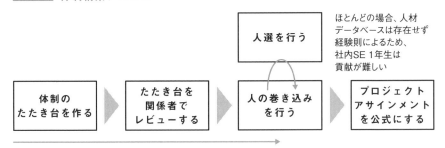

▼体制のたたき台を作る

　体制を構築するために、体制図を作成します。体制図は、プロジェクトに巻き込む利害関係者の責任や役割を明確にし、協力体制を図式化したコミュニケーションツールです。体制図は、業務部門とIT部門が協力して準備します。決してIT部門だけの仕事ではありません。

　社内SE 1年生が体制の素案を作る場合に、白紙のPowerPointからではハードルが高すぎます。以下の選択肢を検討しましょう。

図6-20 たたき台作りの選択肢

選択肢	特徴
過去のプロジェクトを参照する	・社内で通用する書き方の作法を学ぶ意味でも有効。 ・新システム導入の場合、社内の知見では必要な役割を洗い出せないリスクがある。
ベンダーからテンプレートを取得する	・ベンダーにとっては営業活動にもなるので好意的に対応してくれることが多い。 ・他社が取った体制についてエッセンスを学べる。

　なお、ネット検索は最もお手軽ですが、体制に関する有益な情報はネットに公開されていないことがほとんどです。

▼たたき台を関係者でレビューする

　たたき台が完成したらプロジェクトマネージャや責任者のレビューを受けてアドバイスをもらいます。プロジェクトはチームワークです。特に経験が少ないうちは、上司やプロジェクトマネージャの手を借りて品質向上を目指しましょう。

▼人選を行う

　体制図でどのような役割があるかが決まったら、社内でその人材を特定する必要があります。人材情報が社内に整備されていない場合、人材の特定は経験則によるところとなり、社内SE 1年生が貢献できる範囲は限定的となります。

▼人の巻き込みを行う

　人をプロジェクトに巻き込む際は、担当者にアサインする人と、その上司の両方へのコミュニケーションが必要です。担当者にプロジェクトの内容を伝え、役割を認識してもらいます。担当者の上司には、担当者のリソースをプロジェクトに優先的に割り当てることを許可してもらう必要があります。上司とのすり合わせをしないと、他のプロジェクトのタスクまで担当者に舞い込んでくる可能性があり、担当するプロジェクトの品質に関わります。

▼プロジェクトアサインメントを公式にする

　人材のプロジェクトアサインメントは何らかの方法で公式にする必要があります。その方法は企業によってまちまちです。プロジェクトポートフォリオを管理している部署がある会社であれば、その管理台帳への起票かもしれません。ある

いは承認判定会議に提出する資料に名前を記載する方法かもしれません。

　プロジェクトアサインメントを公式にしないと、アサインされた担当者が他の
プロジェクトにダブルブッキングされたりすることが発生します。プロジェクト
に集中してもらうための環境作りが必要です。

体制図作成のポイント

　体制図を初めて作成する場合に押さえておきたいポイントを解説します。

▼リソースはフェーズにより異なる

　プロジェクトはフェーズによって必要な人員が異なります。したがって、
フェーズにより体制図も大きく異なります。図6-21は、フェーズごとの主要なリ
ソースのイメージです。序盤のフェーズから構築フェーズに向かうにつれて人員
が増加していきます。

図6-21 フェーズ別の体制イメージ

✔=必要リソース

フェーズ	起案	立ち上げ	構築	リリース・運用
プロジェクトオーナー	✔	✔	✔	
業務 PL	✔	✔	✔	
IT PL	✔	✔	✔	
プロジェクトマネージャ		✔	✔	
プロジェクトリーダー			✔	
PMO			✔	
業務チーム			✔	
開発チーム			✔	
業務運用				✔
IT 運用				✔

▼適切な報告ができるように線を引く

　体制図に配置された人と人を結ぶ線はレポートラインです。誰が誰に対して報
告するのが適切かを考えてレポートラインを引きます。

▼プロジェクト体制と組織図を混同しない

　プロジェクトは組織にとらわれず、定められた期間に特定の課題を解決するために編成されます。プロジェクトでは、ふだんの組織での役割とは別の役割を割り当てられます。体制図をベースに、配属されたチームの報告すべきITプロジェクトリーダーなどにプロジェクトの進捗等を報告します。

▼体制図での名称はわかりやすく

　体制図には様々な人物、チーム、役割が登場します。わかりやすいネーミングが必要です。図6-22は、改善が必要な体制図と改善を行ったあとの体制図の例です。

図6-22 **体制図のビフォーアフター**

改善が必要な体制図

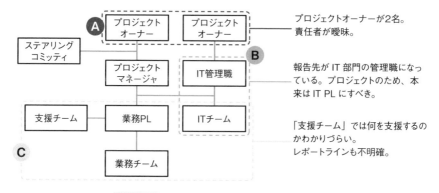

プロジェクトオーナーが2名。
責任者が曖昧。

報告先がIT部門の管理職になっている。プロジェクトのため、本来はIT PLにすべき。

「支援チーム」では何を支援するのかわかりづらい。
レポートラインも不明確。

改善された体制図

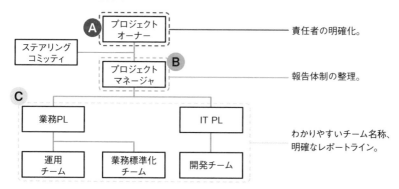

責任者の明確化。

報告体制の整理。

わかりやすいチーム名称、
明確なレポートライン。

関係者をプロジェクトに
巻き込む

人を巻き込むには

　体制図が完成したら、実際にプロジェクトへの人の巻き込みを行い、リソースを確保します。体制図に名前を書けば事足りるわけではなく、プロジェクト参画によって対象者がオーバーワークにならないように仕事の優先順位変更などの調整が必要になります。

　人の巻き込みは、ボトムアップとトップダウンで行います。もし対象者がどのプロジェクトに参画するかを選択できる裁量のある人ならボトムアップが成立します。社内SE 1年生は権限が限定的なはずですので、ボトムアップでの依頼を行うこと、対象者の上司などの管理者に掛け合うことが必要です。

図6-23 巻き込みのアプローチ

巻き込みの アプローチ	**トップダウン**：権限のある人からの依頼 ・相手と距離が遠い場合 ・相手に取捨選択の裁量がない場合
	ボトムアップ：現場レベルでの依頼 ・相手と距離が近い場合 ・相手に取捨選択の裁量がある場合

集団の3つのタイプ

　プロジェクトには様々な関係者が登場します。直接的にプロジェクトの体制に関わる人もいれば、システムを利用する側の人もいます。社内SE 1年生に知っておいてもらいたいことは、集団を動かす際には、どのようなタイプの人から動かしていくのかも重要という点です。

　集団には、リーダー、フォロワー、アゲインストという3つのタイプが存在し

ます。筆者の感覚的には、ある母数の集団のうち8〜9割はフォロワーで、残りの1〜2割の中にリーダーとアゲインストがいます。

図6-24 集団の特徴

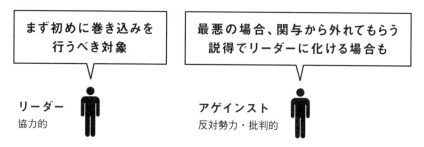

```
まず初めに巻き込みを        最悪の場合、関与から外れてもらう
行うべき対象               説得でリーダーに化ける場合も
```

リーダー　　　　　　　アゲインスト
協力的　　　　　　　　反対勢力・批判的

フォロワーに対し影響力あり

フォロワーはリーダー、アゲインストの意見を受けて行動

フォロワー
中立の立場
行動はリーダーや
アゲインストのあと

　リーダーは、フォロワーに対して発言力と影響力があります。プロジェクトで集団を動かしたいときは、まずリーダーを見極め説得します。これができないとフォロワーを巻き込むことができません。

　アゲインストにはいくら時間をかけて調整しようとしてものれんに腕押しで、悪くすればあなたにとっての障害物になってしまう場合もあります。

　フォロワーは、賛成も反対も示さずリーダーの決定に従う、プロジェクトにとっては非常に重要な大集団です。フォロワーの一部には、意欲的に支援してくれる準リーダーのような人たちもいます。

　ある一定人数の集団は、不思議とリーダー、フォロワー、アゲインストに分かれていきます。集団を動かすのに、この一種の法則は知っておいて損はありません。

第6章の まとめ

立ち上げフェーズは、"プロジェクトの仕組み"を構築する工程。このフェーズの下準備によって構築フェーズの成否が左右される。

起案フェーズで特定された課題を解決する手段の検討に RFI/RFP を活用する。

SIer などプロジェクト関係者との役割認識齟齬の予防に RASCI（役割分担表）が有効。

デモやプレゼンを選定のためだけと考えない。外部の IT 技術に触れられる有効な学びの機会として活用。

不透明な部分には PoC を取り入れることも選択肢。PoC の目的は検証によって白黒をつけること。

プロジェクトは完遂できなければ絵に描いた餅。プロジェクトを完遂できるかどうか重要な要素となるのが体制＝人。

リソースの調整は、体制図に名前を書くだけではなく、対象者がオーバーワークにならないように仕事の優先順位変更などのすり合わせが必要になる。

第 **7** 章

要件定義

社内SE基礎	システム構築
第 1 章 社内SEを取り巻く概況	第 5 章 プロジェクト起案
第 2 章 求められるスキル	第 6 章 プロジェクト立ち上げ
第 3 章 運用保守と プロジェクト管理	第 7 章 要件定義
第 4 章 システム構築とは	第 8 章 基本設計と開発
	第 9 章 システムテスト
	第 10 章 移行
	第 11 章 リリースと運用

Intro »»»

システムに何を求めるかを定義する

- 要件定義とは？　どう進めればいい？
- 要件定義の成果物は？
- 要件定義で特に注意すべきことは？

□ 要件定義は What を定義

　要件定義フェーズでは、起案フェーズで特定された課題を元に、どのような手段で解決するのかWhatを検討します。次の基本設計フェーズでは、Whatを元にどう解決手段を実装するのかHowを検討します。

図7-1 Why、What、How

起案 Why	要件定義 What	基本設計 How
なぜ解決が 必要か	システムに 何を求めるか	どう構築 するか

　要件定義で定義されるのは、システム要件だけでなく業務要件も含みます。システム要件はプロジェクトの目的達成に必要な業務要件の一部であり、全てではありません。しかるべき業務検討が十分に行われることで初めてシステム要件をあぶり出すことが可能です。逆は絶対にありません。つまり、業務検討が十分に進まない点を問題ととらえず、集められる要件だけを収集して進めてしまうよう

なことは避けなければいけないということです。

□ 第7章の内容

　第7章では、どのように業務検討を支援し、必要な要件を収集し、合意形成と要件FIXまで持っていくかを解説します。社内SE 1年生が何をすべきかだけではなく、業務部門やSIerに何を実施してもらうべきかという点も意識して読み進めてください。要件定義フェーズから様々な関係者と協業し、プロジェクトを進めます。

図7-2　第7章の内容

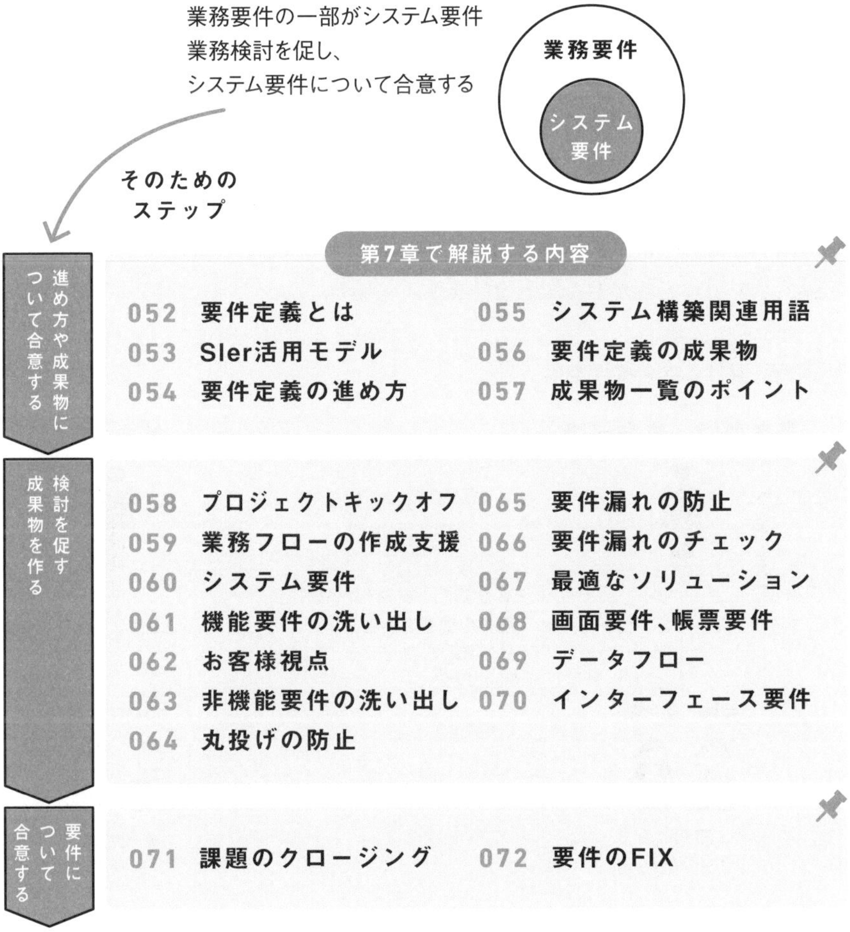

業務要件の一部がシステム要件
業務検討を促し、
システム要件について合意する

業務要件

システム要件

そのためのステップ

進め方や成果物について合意する

第7章で解説する内容

052　要件定義とは
053　SIer活用モデル
054　要件定義の進め方
055　システム構築関連用語
056　要件定義の成果物
057　成果物一覧のポイント

検討を促す成果物を作る

058　プロジェクトキックオフ
059　業務フローの作成支援
060　システム要件
061　機能要件の洗い出し
062　お客様視点
063　非機能要件の洗い出し
064　丸投げの防止
065　要件漏れの防止
066　要件漏れのチェック
067　最適なソリューション
068　画面要件、帳票要件
069　データフロー
070　インターフェース要件

要件について合意する

071　課題のクロージング
072　要件のFIX

要件定義とは何か理解する

噛み合わない要件定義

要件定義の大きな目的は、システムの機能要件だけでなく、プロジェクトの目的達成に必要な要件をあぶり出すことです。

要件定義フェーズでは様々な関係者を巻き込み、助力を得て活動します。要件定義に登場する、SIer側の営業チームであるSIer営業、SIer SE、自社の事業部門、業務部門それぞれの特徴と利害関係を理解する必要があります。

事業部門や業務部門は、SIer営業の話す理想に耳を傾けがちです。一方、社内SEはSIer SEの発言に耳を傾けがちです。このような構図では、事業部門や業務部門はSIer営業の営業トークを信じ、社内SEはSIer SEと自分たちができることを模索して要件定義が進んでしまいます。

図7-3 避けるべき要件定義

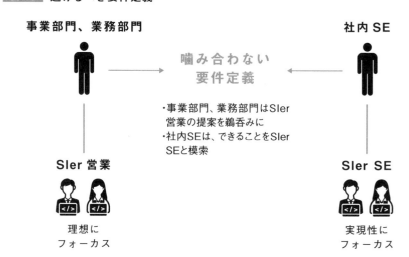

■ 噛み合った要件定義

あるべき要件定義の構図は、関係者がプロジェクトの目的に基づいて、解決すべき課題を中心に据えることです。社内SEは、SIer営業、SIer SE、事業部門や業務部門のフォーカスがどこに向かいやすいかを理解した上で、共通の目的と課題に視点を合わせて進められるように支援する必要があります。社内SEがあるべきフォーカスを意識し、問題提起や問いかけをすることで関係者に気づきを促すことができます。よほど大規模なプロジェクトでもない限り、社内SE 1年生でも貢献できる余地は十分にあります。

図7-4 あるべき要件定義

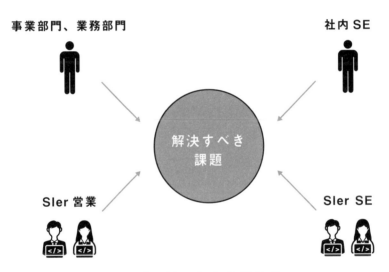

SIer活用モデルを理解する

░ SIer活用モデル

社内SE 1年生が要件定義に放り込まれた際に困惑するのが、どのタスクを自分がすべきで、どのタスクをSIerがすべきなのか判断がつかないことです。その悩みを解消するには、第6章で解説したRASCI、ここで解説するSIer活用モデル、次ページ以降の開発スコープ、成果物についての理解が必要です。

図7-5 要件定義におけるSIer活用モデル例

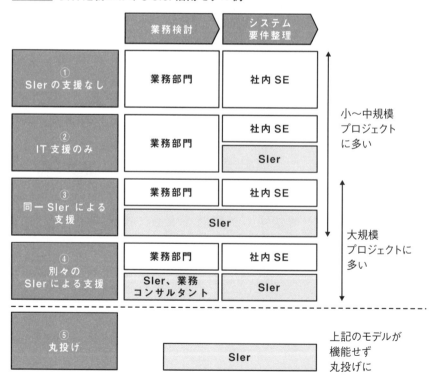

①SIerの支援なし

SIerの支援は受けず、業務検討からシステム要件の定義まで自社で実施します。比較的小規模なシステム改修案件でよく活用されるモデルです。

②IT支援のみ

業務検討を自社で実施し、システム要件の定義からSIerを活用するモデルです。パッケージ導入や中規模なシステム構築で自社のリソースが足りない場合などに見られるモデルです。

③同一SIerによる支援

大型案件などでは、自社のリソースのみで業務検討や開発を行うことが難しい場合もあります。この場合、SIerに業務とIT、両方の領域を支援してもらいます。

④別々のSIerによる支援

業務は業務系支援に特化したSIerにサポートしてもらい、ITはITに特化したSIerに支援してもらいます。この場合、RASCIで責任範囲を明確化することが必須になります。

⑤丸投げ

事業部門やIT部門が本来の役割を果たさない場合、丸投げに陥ります。事業部門がプロジェクトを開始したものの、実態はSIerや業務コンサルタントへの丸投げで、IT部門も初めのうちこそ会議に参加するものの、出てきた成果物に対してレビューもしないような場合です。

■ 丸投げは絶対NG

要件定義で絶対に避けなければいけないことが丸投げです。丸投げは、SIerの目的に即してプロジェクトが導かれてしまいます。事業部門とSIerだけのプロジェクトは、システムを購入したい事業部門と売りたいSIerというカモネギ状態です。うまくいくはずがありません。

丸投げとは、何もしないことだけを指すのではありません。仮にレビューをしたとしても、本来の目的を踏まえて軌道修正の舵取りをしなければ丸投げと同じです。プロジェクト本来の目的と課題、社内SEに期待されている役割を認識した行動が必要です。

要件定義の進め方を
理解する

■ "作る"と"使う"で異なるアプローチ

　社内SE 1年生は、要件定義の進め方の違いと、社内SEがリードする必要があるスコープについて理解しておかなければいけません。要件定義の進め方は、システムを作る（スクラッチ開発）のか、使う（パッケージやサービスの導入）のかでアプローチが異なります。

　システムを作る場合、As-Is業務フローを元にTo-Be業務フローを設計し、両者のギャップがシステム要求、システム要件になります。システムを使う場合は、システム機能と、すでに定義されている業務フローを使うことが前提になります。そのため、システムに業務を合わせます。どうしてもNGな場合のみアドオンするかどうかを検討します。

図7-6 システムを作る場合、使う場合

システムを作る場合

システムを使う場合

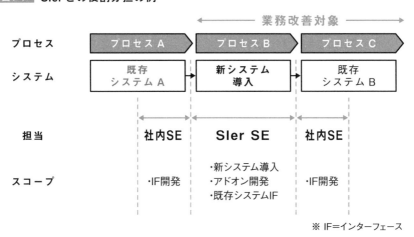

■ 社内SEとSIerの守備範囲

社内SE1年生は、どの範囲をSIerが面倒をみるのか、どの範囲を社内SEが頑張らなければいけないのか理解が必要です。役割分担の論点を、図7-7を使って解説します。

図7-7 SIerとの役割分担の例

業務改善対象

プロセス	プロセス A	プロセス B	プロセス C
システム	既存 システム A	新システム 導入	既存 システム B
担当	社内SE	SIer SE	社内SE
スコープ	・IF開発	・新システム導入 ・アドオン開発 ・既存システムIF	・IF開発

※ IF＝インターフェース

図7-7の例では、業務改善対象をプロセスB〜Cに絞っています。今回のメインはプロセスBへのSaaSの導入とします。このようなケースでは多くの場合、SIerは新システム導入、それに関係するアドオン開発、新システムが既存システムAからデータを受け取る部分、既存システムBへデータを連携する部分がスコープになります。パッケージやクラウドサービス導入の場合、ほぼ同様のスコープで責任を分担するケースが多いです。

このようなスコープの場合、社内SEは新システム導入のインターフェース要求を受け、社内SEのリードで既存システムとのインターフェース要件を詰める必要があります。既存システムの運用保守を担当しているSEとコミュニケーションし、要件を把握します。

既存システムとのインターフェースから新システム導入までの全てをSIer SEの責任で実施してくれると勘違いすると要件定義はうまく進みません。お互いに相手が担当と思い込んだ部分で要件のあぶり出しが漏れてしまいます。スコープの認識離齬は要件漏れに直結します。

システム構築関連用語を
押さえる

■ フェーズごとの用語

　図7-8は、システム構築プロジェクトで登場する主な用語をピックアップしたものです。SIerとのコミュニケーションで必要になることもありますので一通り押さえておきましょう。

図7-8　システム構築関連用語

工程	内容
要求定義、要件定義関連	
要求分析	システムで実現したい要望を整理
要件定義	システムに求める具体的な要件を整理
開発関連	
基本設計	要件を反映させるために実装する機能を明確化
詳細設計	基本設計に基づきプログラマーが開発できる粒度まで詳細化
外部設計	開発するシステムと既存システムをつなぐためのインターフェース設計
構造設計	システム全体のアーキテクチャを設計
機能設計	システムの各機能を定義
インターフェース設計	ユーザーが実際に使う画面を設計
プログラム設計	詳細設計に基づき、どうプログラミングするかを設計
プログラミング	実際のプログラミング作業
オフショア開発	海外で開発すること
ニアショア開発	国内の他企業に依頼し開発すること
デバッグ	バグを見つけ修正する作業

テスト関連

単体テスト	プログラムやモジュールが正常に機能するかをテスト
内部結合テスト	単体で開発したプログラム同士を同一システム内で連携し実施するテスト
外部結合テスト	異なるシステム同士をつなぎ、システム間連携が問題なく行われるかをテスト
システムテスト	定義された機能が想定どおりに実装されているかをテスト。総合テストともいう
負荷テスト	システムに高負荷をかけ、要件どおりの機能や性能となっているかをテスト
セキュリティテスト	システムがセキュリティ上問題ないかをテスト
受入テスト	構築したシステムで想定どおり業務が遂行可能かを検証するテスト
バグ・不具合・障害	システムが想定どおりに動作しない問題
バグ FIX	不具合を修正すること
パッチ	プログラムの変更や修正を行うためのデータ
暫定対応	恒久対応までの間に行う一時的な対応
恒久対応	暫定対応した不具合の抜本的解消を図ること
ロールバック	システムを以前の状態に戻すこと

トレーニング関連

システム操作マニュアル	システムの基本的な操作手順を記載したマニュアル
業務マニュアル	日々の業務を実施するための手順書
トレーニング	新業務・新システムで業務を実行するための教育
トレーナー	トレーニングを指導する人

移行関連

移行	業務、システム、データなどを新しい仕組みに切り替えること
データ移行	古いシステムから新しいシステムにデータを移動させること
業務移行	As-Is 業務を新しい To-Be 業務に移管すること
過渡期	新業務・新システムへの切り替え期間
リリース（カットオーバー）	システムを本番環境にデプロイし、新しい仕組みで業務ができるようにすること
切り戻し	障害発生時にシステムを以前のバージョンに戻すこと

要件定義の成果物を
押さえる

■ 要件定義の成果物

　要件定義フェーズでは最終的に要件定義書を仕上げ、関係者と合意し、次工程につなげます。要件定義書に必要となるコンテンツを図7-9にまとめます。

図7-9 要件定義書に必要な要素

要素	内容
システム概要	業務部門からのインプットを元にシステムが解決する課題を記載する。プロジェクトゴールの共通認識を促すもの。
全体像	システムランドスケープおよびシステム構成。
WBS	システム構築プロジェクトの作業工程。
成果物一覧	納品成果物の一覧。SIerが納品する成果物の一覧だけでなく、SIerが社内SEや業務部門に作成を期待することも示してもらい、それを互いに合意して一覧に含めることで認識齟齬を防止できる。
業務フロー	As-Is/To-Be業務フロー。業務フローは社内SEに作成の責任はないが、要件定義書に含めることで業務検討を促せる。
Fit & Gap 一覧	パッケージ導入の場合、業務要件とパッケージの標準機能のマッチアップを行い、差分を洗い出す。差分はアドオンするか、業務をパッケージに合わせるか検討する。
機能一覧	実装する予定の機能の一覧。
機能要件	画面、帳票、バッチ、データ、インターフェースの要件など。
非機能要件	可用性、運用保守、セキュリティ、レスポンスの要件など。
業務要件	システム要件のインプットとして活用する。要件定義書に参考として含めることで業務検討を促せる。

　注意点は、SIerが推進する範囲にとどまらず、社内SEや業務部門で推進しなければいけない部分の要件も全て決まって初めて要件をFIXできる点です。これらの検討も実施され、要件定義書に盛り込む必要があります。

　なお、SIerや自社IT部門の文化によっては、図7-9に示した要素を1つの要件定義書としてまとめる場合もあれば、要素ごとにドキュメントを作成し、その集合体を要件定義書と呼ぶ場合もあります。

成果物の関連性

　図7-10は、成果物を得るまでの大まかな流れです。業務フローから要求を一覧にまとめ、その情報を元に要件一覧を作成します。図7-10は、システムが複数存在し、A社とB社それぞれにシステムを開発・改修してもらうイメージです。

図7-10　要件出しのイメージ

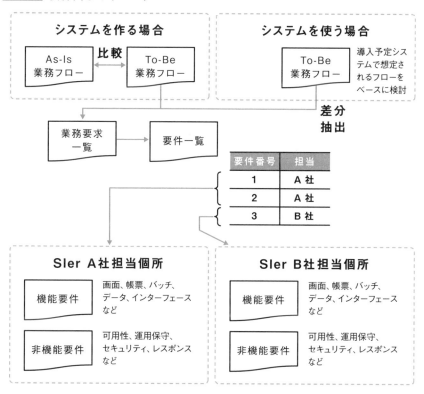

成果物一覧で
タスクの認識を合わせる

成果物一覧の重要性

目の前にあるタスクを誰がいつまでに実施するかを定義するだけでは100点とはいえません。そもそも、タスクがきちんと全て洗い出されているのかが重要です。

タスクの全量を確認するには成果物一覧が有効です。RASCI（130ページ）を掘り下げ、社内の人間も含めて各成果物の担当を明確化します。SIerに要件定義を支援してもらう場合、準委任契約で作業時間に対して対価を支払うケースがほとんどです。そのため、成果物一覧で誰が何を作るかを定義しないと、何となく時間ばかりが過ぎてしまう事態も起こり得ます。

成果物一覧の使い方

図7-11を例に成果物一覧のポイントを解説します。

ポイント①

成果物一覧によって、要件定義でどの成果物をどこまでの粒度で作成するのか認識合わせをします。この例では、業務部門とAs-Is/To-Be業務フローをどの粒度まで要件定義で検討するか認識を合わせており、Lv3の最も細かい粒度での業務フローは作成しないことを合意しています。このように、作成することだけでなく、作成しないことの認識合わせも重要です。

ポイント②

この例では、WBSを業務部門も同じテンプレートで書くことに合意しています。社内SEのインプットとなる業務検討のタスクを見える化し、業務部門にしかるべき検討を促します。当事者意識があまりない業務部門の場合は、これだけでも意識を変えるきっかけになります。

ポイント③

ドキュメント名称を定義することで、何の成果物に何の情報が記述されるかを合意できます。図7-11では、画面、帳票などを個別のドキュメントとして作成せず、機能要件一覧.xlsxに記述している想定です。このようにシステム要件の定義を1つの成果物にまとめる手もありますが、要件定義検討中はそれぞれの要素のレビューが必要で、出来上がるタイミングも異なるため、画面、帳票、バッチなどの単位で成果物を分けるのも手です。

その他

成果物のテンプレートについても作業開始前に合意しておくと、誰が何の成果物を、どんな記述でいつまでに仕上げるか明らかになり、より認識齟齬や抜け漏れを予防できます。SIerの支援を受ける場合は、テンプレートの提出を依頼しましょう。

図7-11　成果物一覧の例とポイント

大分類	中分類	小分類	ドキュメント名	概要	作成主体	
業務フロー	As-Is業務フロー	As-Is業務フロー Lv1	As-Is Lv1.xlsx	ハイレベル業務フロー	業務部門	①
		As-Is業務フロー Lv2	As-Is Lv2.xlsx	As-Is Lv1の詳細版	業務部門	
		As-Is業務フロー Lv3	対象外	As-Is Lv2の詳細版	N/A	
	To-Be業務フロー	To-Be業務フロー Lv1	To-Be Lv1.xlsx	ハイレベル業務フロー	業務部門	
		To-Be業務フロー Lv2	To-Be Lv2.xlsx	To-Be Lv1の詳細版	業務部門	
		To-Be業務フロー Lv3	対象外	To-Be Lv2の詳細版	N/A	
WBS	社内SE担当	N/A	WBS.xlsx	社内SE担当領域の作業	社内SE	②
	Sier担当	N/A		Sier担当領域の作業	Sier	
	業務部門担当	N/A		業務部門担当領域の作業	業務部門	
要件定義	機能要件	機能要件一覧	機能要件一覧.xlsx	画面、帳票、バッチ、データ、インターフェース、その他要件	Sier	③
	非機能要件	非機能要件一覧	非機能要件一覧.xlsx	可用性、運用保守、セキュリティ、レスポンス、その他要件	Sier	

プロジェクトキックオフを行う

▓ キックオフ会議でのインプット

プロジェクトの最初に設けられる会議がキックオフ会議です。関係者が一堂に集まり、プロジェクトの起点となります。社内SE 1年生は、キックオフ会議でどのような情報が発信されるかを知り、貢献のために必要となる情報を吸収するようにします。

キックオフ会議では以下が共有されます。

- ・プロジェクト責任者の挨拶
- ・背景、目的
- ・ハイレベルな要求や要件
- ・プロジェクトマイルストーン
- ・体制図
- ・アドミン系情報

▼プロジェクト責任者の挨拶と背景、目的

システム構築の目的はシステムを作ることではなく、ビジネスに貢献することです。作ることは重要な一部分ですが、全てではありません。

プロジェクト責任者の挨拶とプロジェクトの背景や目的で、どのようなビジネスゴールを達成しようとしているのかが発信されます。責任者自身の言葉で伝えることで、関係者に熱量を伝播させる狙いがあります。

万が一、キックオフ会議でプロジェクトの目的が語られず、手段であるシステム構築があたかも目的のように語られたとするなら、それは危険信号と判断できます。

▼ハイレベルな要求や要件

　プロジェクトの目的を、どのような手段で達成しようとしているかも発信されます。しかし、この段階ではその内容はまだハイレベルです。例えば、業務効率を上げ、今後継続的に業務とシステムを改修できるように、ボトルネックになっているシステムをよりモダンなパッケージに置き換える、といった程度かもしれません。社内SE 1年生は、このハイレベルな要件に落胆してはいけません。プロジェクトを通して、その具現化こそ関係者に期待されているからです。

▼プロジェクトマイルストーン

　スケジュール上の定点の目的地となるのがマイルストーンです。いつ何のマイルストーンが設定されているのか、そのマイルストーンでの期待は何かの理解が必要です。マイルストーンでの期待を理解しないままでは、期待されている姿からかけ離れた準備をしてしまい、タスクの遅延にもつながります。期待が不明確な場合、早めにプロジェクトマネージャなどにエスカレーションし認識合わせをしましょう。

▼体制図

　体制図から理解したい内容は2つです。①どのようなチームによって体制が構築され、それぞれどのように作業分担されているか。②どんな人がどのチームに参画しているか。

　あなたがプロジェクトメンバーを理解することも、あなたをプロジェクトメンバーに知ってもらうことも両方重要です。キックオフ会議後の懇親会は、1人でも多く面識を持つための機会と考えましょう。相手を知ることはチームプレーにおいて必須です。

▼アドミン系情報

　プロジェクトマネジメント系の情報も発信されます。社内SE 1年生は、ここで発信されるプロジェクトのルール、会議体、各種テンプレートなどをしっかりと押さえます。

　特に意識しておきたいのが、それらの情報の発信者です。一度聞いたり読んだりしただけで全て理解することは難しく、その人に確認が必要になる場合もあります。キックオフ会議では、誰が何の情報を知っていそうかという点にもアンテナを張るようにしましょう。

業務フローの作成を
支援する

業務フローの責任は業務部門

業務フロー作成の責任は業務部門にあります。本質的には業務部門がしっかりと業務検討を推進し、業務フローから要件を洗い出せるようにする必要があります。

しかし、現実には社内SEが業務フローの作成を支援するプロジェクトが多くあります。主な理由は、業務検討が遅れて要件が出てこなければ、結局しわ寄せは社内SEを含むIT側に及ぶからです。そういった事態を回避するためにも、社内SEは業務部門にうまく業務フローを作成してもらうように支援する必要があります。

業務フローを推進させるポイント

業務フロー作成支援のポイントを紹介します。

▼役割を明確にする

業務フローは業務部門の仕事ですから、まず初めにRASCIや成果物一覧の読み合わせで業務フロー作成主体の認識合わせをしましょう。契約によってはSIerが業務フロー作成を支援する場合もあります。どこまでがSIerの支援対象なのかを明確にする必要があります。

また、もしプロジェクトがパッケージ導入でFit to Standard（214ページ）の場合、To-Be業務フローは、パッケージで推奨される業務フローをベースに準備する必要がある点も理解してもらいます。

▼期日を切り、進捗をフォローする

社内SE 1年生は締め切りを設けることに躊躇を覚えるかもしれませんが、気にすることはありません。プロジェクトは、チームでビジネスゴールを目指しま

す。協力し合うためにも役割と期日は明確化するべきです。

　役割と期日が決まれば進捗を追うことができます。進捗会議などで業務部門に業務フロー作成状況の報告をしてもらいます。

▼できたものからレビューする

　業務フローは、できた順にレビューすることをお勧めします。全て出来上がっていなくとも検討が終わった業務領域からレビューすることで、その部分のシステム要件の洗い出しを開始できます。また、記述が甘かったり書き方に認識齟齬があったりする場合は、早めのレビューがリスクの芽を摘みます。

▼As-Is業務フロー作成を支援する

　社内SEがハンズオンで業務フローの作成を支援する場合、手伝いやすいのはAs-Is業務フローの作成です。As-Is業務フローは、既存業務をユーザーにヒアリングすれば作成可能です。成果物一覧で業務部門の作業と合意した上で、あくまで支援という形で社内SEが手伝う分には（あなたの工数以外は）問題ありません。

▼業務フローの書き方を教えない

　業務フローの書き方は、社内SEが教えられたとしても教えないほうが得策です。業務フローは、ユーザートレーニングや業務改善を実施する際に、自分たちの業務運用の設計図となるものです。したがって、業務部門が業務フローをメンテナンスできる能力を備える必要があります。

　書き方を聞いてきた相手を突き返すのは難しいと感じるかもしれません。しかし、一度社内SEが対応してしまうと、それ以降も社内SEに依存する関係ができてしまいます。どうしても断りづらいときは、プロジェクトマネージャや上司に相談して対応してもらいましょう。

システム要件とは何か
理解する

■ システム要件

　システム要件には、機能要件と非機能要件があります。機能要件はユーザーが求める、システムに実現してほしい機能動作要件です。例えば、お客様のメールを受信し、自動でメール内の注文情報をERPに登録する機能といった具合です。非機能要件は、機能以外のセキュリティや性能などシステム品質に関係する要件です。

図7-12 業務要件とシステム要件

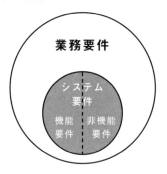

　社内SE 1年生がシステム要件の定義を支援する場合、戸惑うのがどこまでを要件定義で決め、どこからを基本設計で決めるかです。この定義は曖昧で、各社で異なります。システム要件の一覧ができた時点で要件定義完了とする場合もあれば、要件定義からもう少し進んだ各機能の具体的なイメージの検討までを要件定義で行う場合もあります。これには正解がないので、事前にSIerと合意しておく必要があります。

機能要件一覧

図7-13は、機能要件で検討される可能性のある項目をまとめたものです。先ほど述べたように、どこまでを要件定義で固めるのかSIerと合意した上で進める必要があります。社内SE 1年生だけで判断することはせず、必ずプロジェクトマネージャの確認を取るようにしましょう。

図7-13　機能要件関連項目

機能要件項目	内容	
画面要件	画面一覧	システムが実装する画面の一覧
	画面遷移図	画面間の関連・遷移の図式
	画面レイアウト	画面のレイアウト
帳票要件	帳票一覧	システムから出力される帳票の一覧
	帳票レイアウト	帳票のレイアウト
バッチ要件	バッチ一覧	システムで使うバッチの一覧
データ要件	テーブル関連図	データベースの設計図
	エンティティ一覧	データベースのテーブルと、その要素の一覧
	エンティティ定義	エンティティに関する詳細
インターフェース要件	外部システム関連図	外部連携の設計図
	インターフェース一覧	外部連携の一覧
	インターフェース定義	外部連携の詳細
その他要件	上記以外の法定要件など	

機能要件を洗い出す

▨ 業務フローから要件を特定する

受注業務システムの構築を材料に、機能要件の洗い出しを解説します。As-Is業務フローをベースに、ビジネス視点で解決が必要な課題と、改善が必要な業務を特定します。図7-14は、スクラッチ開発をFit & Gapで実施した例です。

図7-14 受注業務フローにおける課題抽出とシステム要件の特定

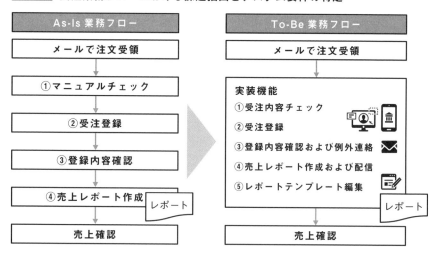

As-Is業務フローは、メールで注文を受領し、手動でメール内容を確認し、手入力でシステムへ受注登録をします。1日の終わりには何件受注したかを集計し、売上レポートをExcelで作成します。①～④の手作業が発生し、工数がかかっているとします。

To-Be業務フローでは、この手動部分を自動化し、大幅な工数削減を狙います。受注チェックと登録はシステムが自動で行います。万が一、処理できない場合は

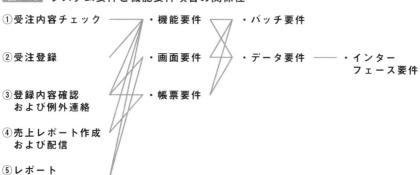

担当者に確認依頼が飛びます。売上レポートはシステムから自動的に生成され、管理者にメール配信されます。さらに、運用保守の観点から、売上レポートのデザイン変更やメールの配信先変更を業務部門で設定できる機能も搭載します。このような機能の一覧を機能要件一覧に記載します。

■ 機能要件を深堀りする

図7-14の③・⑤の機能は画面を想定しているため、どのような画面が必要か画面要件を検討します。もし、③はメール配信だけでOKと業務部門と合意できれば画面要件の検討は不要ですが、ここでは画面要件の検討があると仮定します。また、③・④は帳票要件も検討します。

次に、それぞれの要件をもう一段掘り下げ、バッチ要件、データ要件に落とし込んでいきます。バッチ要件は、受注内容のチェックでリアルタイム性を求めるかやメール配信頻度を業務部門にヒアリングし要件に落とし込みます。この例では受注後即座にチェックされる必要があり、例外連絡は30分おき、売上レポートの配信は日次で必要であるとします。

受注時に記録が必要なデータ、チェック観点、画面やレポートに表示したいデータ項目を全て定義しつつデータ要件を詰めます。必要なデータが特定されれば、そのデータをどこから取ってくるべきかを決めることでインターフェース要件の定義が可能です。この例では、受注データはメール配信で他システムとの連携はなく、売上レポートのデータは全社で活用しているデータ分析用基盤との連携が必要とします。そのために必要な要件をインターフェース要件に記載します。

図7-15 システム要件と機能要件項目の関係性

お客様視点で要件を検討する

■ お客様視点

　社内SE 1年生は、要件やプロジェクトメンバーの要求を正確に理解できるようになると貢献範囲が広がり、評価も上がります。しかし、これで満足してはいけません。社内SE 1年生のうちから意識したい、お客様視点で考えることの重要性を解説します。

　要件定義では、どうしても目の前のプロジェクトメンバーの声が直接的なインプットになります。しかし、これだけを鵜呑みにしていた場合、プロジェクトで本当に解決したい課題を認識できず、結果的に自社のお客様にとって適切でない業務やシステムを設計してしまう可能性があります。そうならないためには、お客様視点で物事をとらえ、課題を考える習慣が必要です。

■ お客様が本当に求めるものは？

　再び図7-14を例に解説します。①〜③の機能を実現し、それまで手動で行っていた作業の自動化に成功したとします。これに加え、受注した内容に不備があった場合、自動でお客様にメールを送る、受注不備自動返信機能を業務部門が計画しているとします。これまで行っていた、受注内容を確認し、必要に応じてお客様に電話する手間を省けます。業務部門が考えるお客様のメリットは、メールで通知するのでお客様の任意のタイミングで内容の修正が可能な点と、メール本文に、受注内容にジャンプできるリンクを入れるのですぐに修正が可能ということです。一見、問題がない要件に見えます。

　これをお客様視点で考えてみます。ここでのお客様は飲食業で、終日PCの前にはいられません。メールで不備の連絡が来ても、その確認は翌朝になってしまい修正が遅れてしまいます（ここで取り上げたことは本来、起案フェーズで検討することですが、あくまで説明のための例として考えてください）。

図7-16 社内SEがフォーカスすべき視点

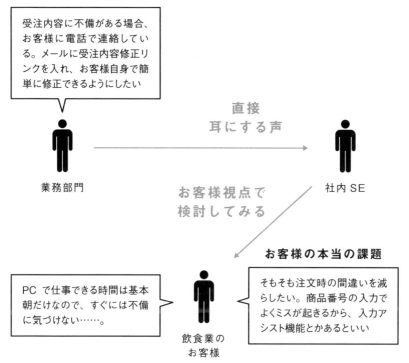

ユーザーの要求

受注内容に不備がある場合、お客様に電話で連絡している。メールに受注内容修正リンクを入れ、お客様自身で簡単に修正できるようにしたい

直接
耳にする声

業務部門

社内SE

お客様視点で
検討してみる

お客様の本当の課題

PCで仕事できる時間は基本朝だけなので、すぐには不備に気づけない……。

そもそも注文時の間違いを減らしたい。商品番号の入力でよくミスが起きるから、入力アシスト機能とかあるといい

飲食業の
お客様

　この場合、「なぜそもそもお客様は入力ミスをしてしまうのか？」に着目するべきです。その結果、商品番号の入力でミスが起きていると特定されました。それなら従来の番号入力を改め、商品を写真で選択でき、商品番号の入力を不要にする商品番号入力アシスト機能を作るべきです。このように、目の前の関係者の声を聞くだけではなく、声を発しないお客様の視点で本当の課題に着目し要件を考える必要があります。

　どのお客様を想定し、課題を考えるかも重要です。お客様は、自社に価値をもたらすお客様でなくてはいけません。例えば、先ほどお客様は飲食業としましたが、もし飲食業からの売上は1割以下で、9割は（購買部門のある）製造業が占めるとなったら景色は変わります。社内SEは本当のお客様は誰かを見極め、彼らの視点で要件を咀嚼し、必要に応じて軌道修正を促せる姿を目指す必要があります。

非機能要件を洗い出す

■ 非機能要件

　非機能要件は、実装する機能を支える、システムに求められる条件といえます。例えば、画面の表示はX秒以内、帳票は1日5,000枚出力などの条件です。それぞれの機能がシステムでどう動作してほしいかをユーザーにヒアリングし、条件＝非機能要件を洗い出します。検討する項目は以下です。

図7-17　非機能要件項目

非機能要件項目	内容
可用性	システムサービスを継続的に利用可能とするための要求。運用スケジュール、障害時の稼働目標など。
性能、拡張性	システムの性能および将来のシステム拡張に関する要求。将来の業務量、ピーク処理など。
運用性、保守性	システムの運用と保守のサービスに関する要求。問題発生時の対応レベルなど。
移行性	現行システムの移行に関する要求。移行期間、移行対象など。
セキュリティ	システムの安全性の確保に関する要求。利用制限など。
システム環境、エコロジー	システムの設置環境やエコロジーに関する要求。CO_2 排出量など。

■ 非機能要件の注意点

　新規システム構築の場合は、上記全ての非機能を検討する必要があります。一方、既存システムの改修の場合は、ほとんどの非機能要件はすでに定義されているはずです。既存システムはレスポンスが悪いため、既存システムよりも早いレスポンスが要求になるなど、新システムの非機能要件は既存システムと同等かそれ以上になるイメージです。

図7-18 非機能要件の洗い出し

| 機能 | ①受注内容チェック
②受注登録
③登録内容確認および例外連絡
④売上レポート作成および配信
⑤レポートテンプレート編集 |

条件

・障害は翌日までにリカバリー
・現状100ユーザー、5年で500ユーザーへ
・365日稼働
・既存システムのデータは過去3カ月分必要
・業務委託ユーザーはレポートを見られないようにする
・通常100注文／日を処理。年末年始は処理量8倍

　非機能要件の定義で、既存システムの定義を参照するのは有効です。既存システムの非機能要件を参考にする際には、同じ分類の業務を支援するシステムの非機能要件に目を向けます。

　コア業務(受発注や倉庫)システムを構築しているのに、ノンコア業務(レポーティングや分析)システムの非機能を参考にしてはいけません。コア業務で使うシステムは非機能要件に求められる基準が高い傾向にありますが、ノンコア業務システムは比較的緩めです。

　もう1つの注意点は、非機能要件から機能要件に派生すべき場合がある点です。例えば、マスタ登録(業務部門からの依頼で社内SEが行うことを想定)における業務レベルの要求が、登録依頼後1時間とします。この場合、いくらシステムが即時反映できたとしても、プロセス上、人が多数介在していては目標の1時間を達成できません。そこで、この非機能要件を満たすために管理画面を構築し、ユーザーが自分たちの任意のタイミングで更新できる機能要件を検討します。このように非機能要件から課題を認識し、提案が必要になる場合もあります。

事業部門、業務部門に
丸投げさせない

■ 勘違いする人は必ずいる

社内SE 1年生にとって、丸投げしてくる事業／業務部門との人間関係は要注意です。ユーザー部門の中には、キックオフさえすれば社内SEがよしなに要件を考え、いい具合にシステムを構築してくれると勘違いしている人もいます。

事業／業務部門起案のプロジェクトでは、課題を洗い出し、事業・業務としてどのようにしたいのかのWILLが重要です。社内SEは、その課題をどのように改善できるかシステム的な解決策を提示しますが、最終的にそのソリューションを日々の業務に落とし込むのは社内SEではありません。事業／業務部門が丸投げして社内SEとSIerだけで検討した場合、運用が始まってから、「これでは業務が回らない」「本当はこうしてほしかった」などの不満がわき出します。残されるのは誰にも使われないシステムです。

■ 事業／業務部門との間合い

丸投げしようとしてくるユーザーとどうコミュニケーションを取り、プロジェクトをしかるべき方向にどう軌道修正するか、ポイントを解説します。

▼上司やプロジェクトマネージャに報告する

社内SE 1年生は、本来自分がやるべき役割なのか、事業／業務部門に求めるべき役割なのかが判断できず、丸投げされていても気づきにくいものです。

お勧めは、上司やプロジェクトマネージャに定期的に自身の作業報告をすることです。こうすることで、その作業をあなたがしていることに上司やプロジェクトマネージャが違和感を覚えたら示唆をもらうことができます。

▼事業／業務部門を教育する

　事業／業務部門が自らの役割を果たしていない場合、その事実を認識してもらう必要があります。社内SE 1年生が目上の人たちを直接指導するのは至難ですから、伝えたい相手が耳を傾ける相手から話をしてもらうように促しましょう。上司、プロジェクトマネージャ、SIerを活用し、事業／業務部門に期待されていることを説明してもらいます。プロジェクトはチームプレーです。全て自分で動く必要はなく、周りを動かして目標が達成できれば問題ありません。

▼外部リソースをあてがう

　もし業務部門の工数があまりにも足りず業務検討がままならない場合は、業務コンサルタントなどの外部リソースに支援してもらう方法もあります。ユーザーはプロジェクト以外に通常業務を抱えていますし、プロジェクト自体の経験がない場合もあります。応援のコンサルタントを雇っても十分に効果が見込めるなら、外部リソースをあてがうのも手です。もちろん、社内SE 1年生が独断で決めてはいけません。上司やプロジェクトマネージャに打診し、判断を仰ぐ必要があります。

▼事業／業務部門との距離を詰める

　一見距離を詰めると、余計に頼りにされて、おまけに断りづらくなると思うかもしれませんが、丸投げする人は悪人でも怠け者でもなく、ただ単純にすべきことを知らない場合がほとんどです。

　社内SE 1年生がいるのと同じで、プロジェクト1年生もいます。包容力が必要です。「苦手だな」「ちょっと嫌だな」と思う場面こそ、逆に距離を詰めて信頼関係構築に挑戦してみてください。筆者の経験でいえば、距離を詰めて失敗したなと感じたことは一度もありません。

要件漏れを防止する

要件漏れの種類

要件漏れには以下の2種類があります。

- 要件一覧に載ったけれども実装しなかった**要件**
- そもそも要件一覧に抽出できなかった**事項**

　ここでは前者について解説します。どんなプロジェクトでも、要件一覧に載っているのに対応されない要件は存在します。プロジェクトによって、それらの対応されない要件を「スコープ外」としたり、あるいは「要件漏れ」としたりします。その違いは、合意形成の有無にあります。

要件を全て実現することはできない

　プロジェクトは、ある特定の時間軸で共通のビジネスゴール達成のために編成されます。リソース（ヒト・モノ・カネ・時間）は有限ですから、プロジェクトで構築するスコープを決める必要があります。

　システム構築において、いつまでに何を作るかの選択は非常に重要です。抽出された要件を取捨選択する必要があります。仮に全ての要件を実装すべきだという意見があったとします。これは、ビジネスとシステムは生き物であることを理解していない意見です。ビジネスを取り巻く状況は常に変化し、テクノロジーも日進月歩しています。

　今はない要件でも、数年後、数カ月後、あるいは数日後には存在することになるでしょう。システム構築は終わりなき闘いです。要件も未来に向かって尽きることなく生まれます。したがって、いつまでたっても全ての要件を実装することは不可能です。プロジェクトという時間軸で何をするか・しないかを決断し、成果を追う必要があります。

■ 要件漏れをゼロにする方法

　以上のことから、要件漏れをゼロにする方法はシンプルです。システム要件は、プロジェクトという限られた時間・予算で開発に含めるものと含めないものを取捨選択します。その取捨選択について合意することで、実装しない要件を要件漏れではなくスコープ外とすることができます。

図7-19 合意形成の重要性

要件一覧	要件の合意がある	要件の合意がない
実装する要件	スコープ内	合意がないまま何となく開発
実装しない要件	**スコープ外**	**要件漏れ**

要件漏れからスコープ外に

　適切な合意形成のためのポイントは以下です。

▼文書化する

　文書化が重要です。プロジェクトでよく発生するのが、言った言わない問題です。言った言わないになった場合、両者が負けです。メールの履歴をあさり、お互いの粗探しをするなどに陥らないためにも、文書化と合意形成をセットで意識する必要があります。人の記憶は薄れますが、文書はいつまでも決定を形で残してくれます。

▼誰と合意形成するか

　要件定義で何を実装するか・しないかは、社内SEとユーザー部門の担当者の間で協議されます。そこでいくら精緻にすり合わせをしても、プロジェクトとして正式な合意形成にはなりません。プロジェクト責任者と合意形成することで正式になります。また、キーとなるリーダー（影響力のある人）と合意することでフォロワーに落とし込むことが可能です（149ページ）。

要件漏れをチェックする

■ 要件漏れを防ぐためのチェックリスト

　要件定義の合意形成について説明したので、もしかしたら、重要なのは合意形成で、しっかりと要件を洗い出すことは二の次と感じてしまったかもしれませんが、もちろんそうではありません。プロジェクトのゴール達成に必要となる機能が検討されず実装されない場合、目標未達でプロジェクトは失敗となります。

　したがって、本質は必要な機能要件をできる限り洗い出し、優先順位を検討し、取捨選択し、合意形成の上で実装することです。要件の抽出漏れが発生しやすい点や抽出漏れを防ぐための注意点を図7-20にまとめます。

図7-20 **要件漏れを防ぐためのチェック**

	チェック	内容
☐	固有の要件は加味できているか？	業務フローをベースに検討すると、場所、言語、商習慣などの、業務フローに現れない部分の要件の洗い出しが漏れることがある。例えば海外への展開の場合、通貨、言語、商習慣、法定要件など固有の観点の確認が必要になる。
☐	頻度を加味できているか？	同じく業務フローだけで要件を洗い出した場合の課題。業務フローは、その業務を実施する頻度が見えない。例えば、業務フロー上はシステム化不要と判断したシンプルな業務が実は1日に何度も発生し、これなしでは回らない、などの状況。
☐	リスト化された要件でビジネスゴールを達成できそうか？	要件洗い出しに夢中になると、ユーザーの不都合改善の要求が大量にリスト化されることがある。プロジェクトの目的はビジネスに貢献すること。そもそも当初の目的にそっているか、本質的な要件が抜け落ちていないか。出てきた要件を今一度確認する。

	チーム間の要件は洗い出されているか？	漏れが発生しやすいのが、チームとチームの間やチームをまたがるような要件。例えば、あるチームは後続のチームに帳票を出し、その帳票を元に作業してもらうと考え、後続のチームは、その作業は自分たちではなく他チームが行うと思い込む、など。チーム間で要件や前提を読み合わせる必要がある。
	関連プロジェクトとの接点部分は確認できているか？	関連プロジェクトとの連携部分の要件もよく漏れる。例えば、自分たちのプロジェクトでは今あるデータベースは不要になるので廃止を検討。しかし、他プロジェクトではそのデータベースがシステム構築の前提になっている、など。
	しかるべき関係者を巻き込めているか？	要件漏れを未然に防ぐためには、しかるべき有識者を巻き込めているかが重要。巻き込むべき人を巻き込めていない場合、要件の抽出漏れが発生しやすい。何らかの理由で有識者が参画できないときでも、検討した内容を有識者にレビューしてもらい、抽出漏れを防止する。
	運用保守の面からも確認できているか？	業務系のシステム構築の場合、要件定義から運用チームを巻き込んでいないケースがほとんどで、運用保守観点での要件抽出が漏れることがある。要件がある程度出そろった段階で、運用保守の観点からも懸念点や必要機能がないか確認する。

最適なソリューションを
設計する

▨ 個別最適を回避する

　プロジェクトがパッケージ導入の場合、2つの視点で、個別最適なシステムとなるのを回避する必要があります。1つは、目の前の要件をすでに実装しているソリューションが自社にないかという視点、そしてパッケージで対応できない機能を本当にカスタム開発や追加開発すべきかという視点です。要件定義で挙がってきた要件を適切にフィルタリングし、全体最適なシステムを設計できるようにする必要があります。吸い上げた要件は、一度以下に示すロジックで確認するようにしましょう。

図7-21 **要件を全体最適の視点で精査する**

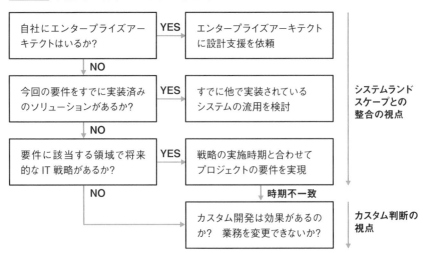

　目の前の要件だけを見て、どう実装しようかとするばかりでは個別最適な仕組みが出来上がります。大きな視点で、自社の既存システムランドスケープにどの

ように適用できるか検討が必要です。例えば、パッケージ導入に加え、個別レポートを作成する機能要件があったとします。もし、全社でレポート系は統合されたデータベースから共通のレポーティングツールで実装するランドスケープになっているなら、パッケージにカスタムすべきではありません。社内SE 1年生にはハードルが高いことですが、全社的な方針、システム機能配置を理解し、大きな視点での検討が求められます。

カスタムで対応すべきかどうか

カスタムで実装を検討する要件には慎重さが必要です。挙げられた要件全てに対応していては、個別最適な仕組みが簡単に出来上がります。カスタマイズが全て悪ではありませんが、パッケージ導入の場合、カスタマイズは大抵間違った判断です。パッケージ導入は、業務をパッケージに合わせます。それがパッケージ導入の旨味でもあるからです。カスタム要件を精査するポイントは以下です。

▼パッケージの標準業務に変更できないか？

パッケージの機能は、業界標準の業務を元に定義されています。なぜその要件は自社だけ特別で標準業務に寄せられないのか、他社と比較してユニークな点は何か確認が必要です。

▼実現で生まれる効果は？

その要件を実装するとどのような効果が期待できるかを検討します。費用対効果で、効果が上回ると見込まれる場合に実装を検討します。

▼実現しない場合のリスクは？

頻出業務で、対応しないと著しく効率が落ちる要件は検討の余地があります。その場合も、そもそもその業務を今後も継続すべきかの議論は必要です。間違っても、影響力のある人から出された要件だから、としてはいけません。

▼パッケージでの対応は？

法定要件などの場合、バージョンアップでパッケージが対応してくれる場合もあります。パッケージのロードマップに、対応するバージョンアップの予定がないか確認します。

画面要件、帳票要件を固める

■ 画面要件、帳票要件

図7-22は、171ページの図7-13を抜き出したものです。

図7-22 画面要件、帳票要件

機能要件項目		内容
画面要件	画面一覧	システムが実装する画面の一覧
	画面遷移図	画面間の関連・遷移の図式
	画面レイアウト	画面のレイアウト
帳票要件	帳票一覧	システムから出力される帳票の一覧
	帳票レイアウト	帳票のレイアウト

　システムからアウトプットされる情報を、どんな画面や帳票を見ながら作業する想定かユーザーに確認し、画面要件、帳票要件に落とし込んでいきます。画面の想定であれば画面一覧に要件が追加され、帳票であれば帳票一覧に追加されます。

図7-23 画面要件、帳票要件の特定

① 受注内容チェック
② 受注登録
③ 登録内容確認および例外連絡
④ 売上レポート作成および配信
⑤ レポートテンプレート編集

｝どんな画面や帳票で
何の項目を見て作業するか？

　スクラッチ開発とパッケージ導入では画面要件、帳票要件の洗い出しが異なります。スクラッチ開発の場合、ユーザーが情報を見ている画面だけでなく、他の画面からその画面までどのように至るか画面遷移も検討します。パッケージ導入では、画面はすでに実装済みの場合もあり、その場合は、どの画面でその情報を確認できるのかを特定していきます。

　その後、特定した画面要件、帳票要件を元にレイアウトを検討していきます。帳票は各社各様の定義があるため、スクラッチ開発でもパッケージ導入でもレイアウト設計が必要になります。

画面遷移

　ここではスクラッチ開発の場合の画面遷移と帳票レイアウトのサンプルを紹介します。画面は7画面を想定します。ログイン画面、ログイン後のダッシュボード画面、売上詳細画面、受注詳細画面、レポート編集画面、ログアウト画面、エラー画面です。ログイン画面、ログアウト画面、エラー画面についてはユーザーから要望が出にくいかもしれませんが、重要な画面ですのでヒアリングが必要です。洗い出した画面がどのように遷移するのかを線でつなぎ定義します。

図7-24　画面遷移図の例

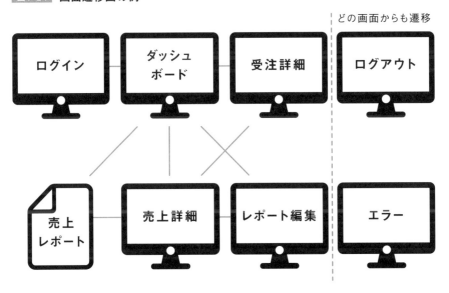

■ 帳票レイアウト

　帳票レイアウトも基本は画面と同じで、ユーザーがどのような情報をどんな帳票で見たいかを定義していきます。画面と異なるのは、画面では情報が多い場合、下に長く情報を表示したり改ページしたりと比較的柔軟に設計できますが、帳票は紙に印刷するため、表示する字数と情報量を決める必要がある点です。

　また、画面のように拡大したり様々な色を用いたりできないため、使われる業務シーンをよく考えた上でフォントサイズや情報の配置場所を設計します。社内SE 1年生が画面や帳票のレイアウトに初めて携わる場合は、フォントや文字配置の一般論を身につけるためにWebデザインの基礎を学ぶことをお勧めします。

図7-25　帳票レイアウトの例

❸　　　　　❹
印刷者:XXXXXXXXX

❶　　　　　　　　　❷　　　　　❺　　　　　❻
XXXX年XX月XX日　　　日次売上レポート　　印刷日:XXXXXXXXX

❼ No	❽ 商品コード	❾ 商品名	❿ 数量	⓫ 単価	⓬ 売上金額
1	XXXXXXXXX	XXXXXXXXX	999,999	999,999	999,999,999
2	XXXXXXXXX	XXXXXXXXX	999,999	999,999	999,999,999
3	XXXXXXXXX	XXXXXXXXX	999,999	999,999	999,999,999
4	XXXXXXXXX	XXXXXXXXX	999,999	999,999	999,999,999
5	XXXXXXXXX	XXXXXXXXX	999,999	999,999	999,999,999
6	XXXXXXXXX	XXXXXXXXX	999,999	999,999	999,999,999
7	XXXXXXXXX	XXXXXXXXX	999,999	999,999	999,999,999
8	XXXXXXXXX	XXXXXXXXX	999,999	999,999	999,999,999
9	XXXXXXXXX	XXXXXXXXX	999,999	999,999	999,999,999
10	XXXXXXXXX	XXXXXXXXX	999,999	999,999	999,999,999

⓭　　　⓮　　　　　⓯　　　　⓰　　　⓱　　　　⓲

合計	999,999,999,999

⓳　　　　　　　⓴

　図7-25は、情報が出力される前の、帳票テンプレートのレイアウトです。データベースから抽出し帳票に出力される情報は、XXXや999のように何文字まで出力可能か可視化しています。文字で表示される部分は、ユーザーの言語設定で英語に変えられる作りにする場合などもあります。

図7-26 帳票レイアウト項目

No	印字内容	フォント:サイズ	桁数	文字詰
①	年月日	MSPゴシック:12	11	左詰
②	レポートタイトル	MSPゴシック:12	8	左詰
③	印刷者ラベル	MSPゴシック:10	4	右詰
④	印刷者氏名	MSPゴシック:10	20	左詰
⑤	印刷日ラベル	MSPゴシック:10	4	右詰
⑥	印刷日	MSPゴシック:10	8	左詰
⑦	連番ラベル	MSPゴシック:10	15	左詰
⑧	商品コードラベル	MSPゴシック:10	5	左詰
⑨	商品名ラベル	MSPゴシック:10	3	左詰
⑩	数量ラベル	MSPゴシック:10	2	左詰
⑪	単価ラベル	MSPゴシック:10	2	左詰
⑫	売上金額ラベル	MSPゴシック:10	4	左詰
⑬	連番	MSPゴシック:10	2	左詰
⑭	商品コード	MSPゴシック:10	9	左詰
⑮	商品名	MSPゴシック:10	9	左詰
⑯	数量	MSPゴシック:10	6	左詰
⑰	単価	MSPゴシック:10	6	左詰
⑱	売上金額	MSPゴシック:10	9	左詰
⑲	合計ラベル	MSPゴシック:10	2	左詰
⑳	合計金額	MSPゴシック:10	12	右詰

データフローを固める

■ マスタデータとトランザクションデータ

データ要件を整理するためには、データに関連する基本的な考え方を理解する必要があります。データには、マスタデータとトランザクションデータの2種類があります。マスタデータは、システムを動作させるためにあらかじめ設定が必要な基礎情報です。この情報なしでシステムは稼働しません。マスタデータのうち複数のシステムでやりとりする情報は、いわば言語のような存在で、マスタデータの定義が合っていなければシステム間で情報連携ができません。トランザクションデータは、システムを利用することで生み出される情報です。

マスタデータは商品・顧客・仕入先など、ビジネスをする対象・相手・取引先を定義する基礎情報です。トランザクションデータは、そのマスタ情報に基づくビジネスの履歴です。

図7-27は、製造業を例にプロセスとデータの関係を示したものです。研究開発された製品の情報を元に仕入先を特定し、量産のための準備を進めます。見積もりや注文をもらい、商品を出荷し、請求を行います。このようにマスタ情報を元にトランザクション情報が生まれ、追加されていきます。

図7-27 **マスタデータとトランザクションデータのイメージ**

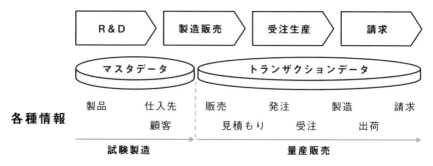

■ データフローのポイント

図7-28は、どのようにデータを社内でフローさせるべきかの考え方を図式化したものです。

図7-28 データフローで意識するポイント

システムA	システムB	システムC	システムD	システムE

> 必要となるマスタデータは後続システムへフローさせる

> 他システムなどで活用するデータは1カ所に集める

> プロセスやシステム固有のマスタデータは無意味に流通させない

基本的に、一度社内で発生したデータで後続のプロセスやシステムで必要とするものであれば、利活用できるように1カ所に集めます。もし、そのデータがプロセスやシステム固有であれば、無意味に社内でデータを流通させるべきではありません。例えば、R&Dで設計された製品の情報は、ERPなどの仕組みに連携され、その後、WMS（Warehouse Management System／倉庫管理システム）などで活用されます。一方で、WMSで利用される出荷時のラベルの印刷設定などのマスタデータは、そのプロセス独自のものですのでデータ活用を考える必要はありません。

データフローの意識が不足すると、上流工程で作られたデータで下流工程でも必要なデータを適切に社内で流通させられず、本来は下流では上流からのデータを受け取ればいいものを下流で再入力するなどして、非効率やデータ不整合の原因となります。このようなエラーは、以下の2つの問いを頭に入れることで予防できます。

・システムで利用したいデータは本来どの仕組みで生成されるべきか？

・システムで生成されるデータは他システムで利用されるか？

インターフェース要件を固める

必要データ項目

　画面、帳票のイメージを特定し、レイアウトを定義できたら、表示または印字する項目のデータをどこから取得するのか、情報連携のためのインターフェース要件を洗い出します。図7-29は188ページに出てきた売上レポートで、その右では、必要となる項目のうちデータソースから取得するものをアミ掛けしています。

図7-29 必要データ項目特定のイメージ

No	印字内容	フォント：サイズ	桁数	文字詰
①	年月日	MSPゴシック:12	11	左詰
②	レポートタイトル	MSPゴシック:12	8	左詰
③	印刷者ラベル	MSPゴシック:10	4	右詰
④	印刷者氏名	MSPゴシック:10	20	左詰
⑤	印刷日ラベル	MSPゴシック:10	4	右詰
⑥	印刷日	MSPゴシック:10	8	左詰
⑦	連番ラベル	MSPゴシック:10	15	左詰
⑧	商品コードラベル	MSPゴシック:10	5	左詰
⑨	商品名ラベル	MSPゴシック:10	3	左詰
⑩	数量ラベル	MSPゴシック:10	2	左詰
⑪	単価ラベル	MSPゴシック:10	2	左詰
⑫	売上金額ラベル	MSPゴシック:10	4	左詰
⑬	連番	MSPゴシック:10	2	左詰
⑭	商品コード	MSPゴシック:10	9	左詰
⑮	商品名	MSPゴシック:10	9	左詰
⑯	数量	MSPゴシック:10	6	左詰
⑰	単価	MSPゴシック:10	6	左詰
⑱	売上金額	MSPゴシック:10	9	左詰
⑲	合計ラベル	MSPゴシック:10	2	左詰
⑳	合計金額	MSPゴシック:10	12	右詰

インターフェースを一覧化する

　アミ掛けした項目の何のデータを表示するかデータ要件を詰めます。必要なデータが、どのシステムやデータベースに格納されているかを確認します。データ取得ソースの特定後、データをシステムのテーブル定義とマッピングします。

図7-30 必要データ項目のソース特定のイメージ

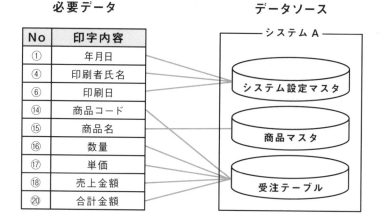

　マッピングにより必要なデータソースを特定します。特定したデータソースをインターフェース一覧に記述します。図7-30は、既存の3つのテーブルからデータを取得するために3本のインターフェースを構築するイメージです。バッチやAPIなどどの手段でデータ連携するのかを決め、インターフェース要件を固めます。

図7-31 インターフェース一覧の例

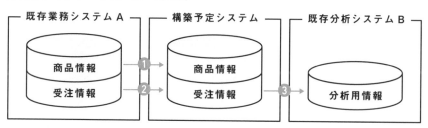

インターフェース一覧

	インターフェース名	FROM	TO	要件
❶	商品マスタ取り込み	システムA	構築予定システム	更新・新規作成された商品マスタ情報を適宜連携
❷	受注情報取り込み	システムA	構築予定システム	受け取った注文情報をリアルタイムで連携
❸	処理情報連携	構築予定システム	システムB	構築予定システムで処理された結果を連携

課題を解消し
要件FIXに進む

■ 課題のクロージング

　要件定義を完了させるには、予定していた会議を全て消化するだけでは不十分です。議論を通じて検出された課題のクロージングが必要です。課題をクロージングしなければ、課題に対応するための機能が必要になり、追加要件となって跳ね返ってくるかもしれません。課題の中には、要件定義ではなく後続のフェーズで解決すれば問題ないものなど様々あります。まずは今解決が必要な課題について合意し、それをクロージングしましょう。

■ 残課題を特定しアクションを促す

　要件定義中に解決が必要な課題と、そうでない課題に分類します。さらに、課題の原因が判明しているものと、そうでないものとに分けます。原因が判明している課題は、解決に向けてアクションの確認とフォローをします。原因が不明な課題は、課題のオーナーシップ、有識者の巻き込み、期限設定、会議体の設定が十分かなどを確認します。課題の解決に誰を巻き込んだらいいかわからない場合は、プロジェクトマネージャにエスカレーションし、支援を受けましょう。課題も1人で解決する必要はなく、チームで取り組んでプロジェクトを前に進めます。

図7-32 課題の分類とアクション

■ 見えにくい進捗を確認する

　課題を解決する前に、そもそもしかるべき議論で検討が進み、課題が十分にあぶり出されているかを確認する必要があります。検討の進み具合を確認する方法を3つ紹介します。

　1つ目は、予定している会議の消化状況の確認です。あらかじめ予定されている会議でディスカッションが進んでいなければ、もちろん検討も進んでいません。予定どおり会議が消化できていないのは準備不足、当初計画の甘さ、不測の事態による遅延など何かしら原因があり、対応が必要です。

　2つ目は、成果物の確認です。164ページで解説したように、どの成果物をどこまでの粒度でいつまでに作成するかを成果物一覧で定義することで、進捗を目に見える形にすることができます。

　3つ目は、課題管理表（76ページ）に挙げられた課題の発生具合と内容から進み具合をつかむ方法です。図7-33を見てください。①は要件定義序盤で、あまり課題が検出されません。課題の内容は、会議体が設定されていない、成果物がわからないなどアドミン系が多くを占めます。②で課題の件数が増加します。課題がたくさん発生し問題に感じるかもしれませんが、実際は検討が進んでいる証拠で健全です。課題の内容もプロセス、システム、データといったものに変化します。そして③の状態は、予定している会議を消化し、だいぶ検討が進んだと判断できる目安になります。正常に課題を消し込めば、④のように徐々に残課題の解消に向かいます。

図 7-33　課題数と残課題数の推移

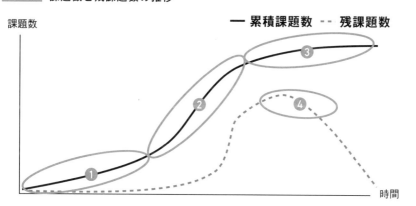

要件は
FIX "する"ではなく"させる"

要件のFIX

要件定義の最後に大切なのは、適切に要件をFIXすることです。要件は自動的にFIXするのではなく、社内SEがFIXさせます。社内SEは以下の3つを押さえて主体的に行動する必要があります。

図7-34 要件をFIXさせる行動

▼文書化する

人の記憶ほど曖昧なものはありません。要件定義で決められた内容を文書化し（もしくは文書化させ）、決定事項を残します。紙に書いていない事柄はないのと同じで、それは社内SEにとっての負けです。必ず文書化しましょう。

▼合意する責任者を特定する

要件定義を検討する人と責任を負ってもらう人は違います。体制図で責任者になっている人と合意してこそ要件は確定します。覚えておいてもらいたいのは、要件を固めるには何を合意するかではなく、誰と合意するかが重要である点です。プロジェクトによっては、体制図にいないのに強い発言権や影響力を持っている人がいることがあります。例えば、現地法人の社長などがそうです。社内SE 1

年生でその特定は難しいかもしれませんが、そのような人とも要件を共有することは重要です。

▼合意する場を設ける

合意する場が重要です。責任者とともに、責任者ではないがしかるべき人も場に巻き込み合意形成することで公式にすることができます。万が一、巻き込みたい人をその場に呼べない場合は、決定事項について情報配信する必要があります。

要件のFIXは、ある断面を決めて、思い切って切断するイメージです。ビジネスが成長し業務が変化し続ける限りシステムへの改修要望は尽きませんから、優先順位を決め、このプロジェクトで今構築する要件を決断する必要があります。

■ FIX しない判断

要件FIXの目的は、開発すべき対象を固めることではありません。プロジェクトの時間軸で達成したいビジネスゴールを共有することです。それに照らして十分な業務検討が進んでいない場合やシステムの要件が出そろっていない場合、要件のFIXは延期すべきです。

この判断は、社内SE 1年生には相当な勇気が必要で難しいことでしょう。もしかすると、プロジェクトマネージャにエスカレーションしたところで無理やり要件を固めるようにいってくるかもしれません。しかし、それは、そう判断したプロジェクトマネージャの問題であり、あなたは社内SEとして正しい行動をすべきです。

要件のFIX後は、合意した姿に向けてシステム開発とユーザートレーニングなどの業務設計がそれぞれ進行します。以降の章では、引き続き社内SEの視点で基本設計以降の進め方を解説します。

第 7 章の まとめ

要件定義の進め方は、システムを「作る」と「使う」でアプローチが異なる。作る場合は、As-Is と To-Be 業務フローのギャップがシステム要件。使う場合は、すでに定義されている業務フローを使う。

成果物一覧で、誰がどの成果物を作成するか合意し、作業の抜け漏れや認識齟齬を防止する。

目の前の業務部門の声を聞くだけでなく、その場にいないお客様の視点から課題を考えることも必要。

どんなプロジェクトでも対応しない要件はある。しかるべき合意形成の実施で、対応しない要件は要件漏れではなくスコープ外となる。

要件を自社のシステムランドスケープに照らし合わせることで、プロジェクト単体の対応で個別最適になることを回避する。

予定していた会議を全て消化しても、要件定義で解決が必要な課題をクロージングしていなければ要件漏れの可能性は残る。

要件は文書化した上で、しかるべき人と適切な場で合意することで FIX させる。

第 **8** 章

基本設計と開発

社内SE基礎	システム構築
第1章 社内SEを取り巻く概況	第5章 プロジェクト起案
第2章 求められるスキル	第6章 プロジェクト立ち上げ
第3章 運用保守と プロジェクト管理	第7章 要件定義
第4章 システム構築とは	第8章 基本設計と開発
	第9章 システムテスト
	第10章 移行
	第11章 リリースと運用

Intro »»»

要件をどう構築するか
社内SEがリードする

第8章で解決できる疑問

- 開発をSIerが行う場合、社内SEは何をする？
- SIerによるテスト結果は何に気をつけるべき？
- トレーニング支援は何をしなければいけない？

□ 丸投げすればこうなる

　要件を無事FIXできたら、あとは開発を依頼したSIerに任せておけば大丈夫！などということはもちろんありません。図8-1は、「顧客が本当に必要だったもの」をお題にしたシステム開発プロジェクトの風刺画です。オレゴン大学で行われた実験を元にした有名なものです。

図8-1 それぞれのとらえ方の違い

顧客が依頼した要件

プロジェクトリーダーの解釈

アナリストのデザイン

プログラマーによるコード

実装されたシステム

顧客が本当に必要だったもの

この風刺画は、顧客が依頼した要件と彼らが本当に必要だったものが乖離していることから始まり、さらにその依頼の解釈がプロジェクトリーダー、アナリスト、プログラマーなどで異なるというものです。結果、プロジェクトは成果物なし、コスト高、運用NGの状況になります。

□ 第8章の内容

いくら要件がFIXしたからといっても油断は禁物です。システムをどう作るかをフォローしなければ、SIerの勝手な解釈で出来上がってしまうリスクがあります。それを防ぐために、社内SEのあなたがシステム構築をあるべき姿に導く必要があります。

第8章では、SIerの支援を受けてウォーターフォール開発することを前提に、基本設計から単体テスト、結合テスト結果レビューまでのポイントを解説します。

図8-2 第8章の内容

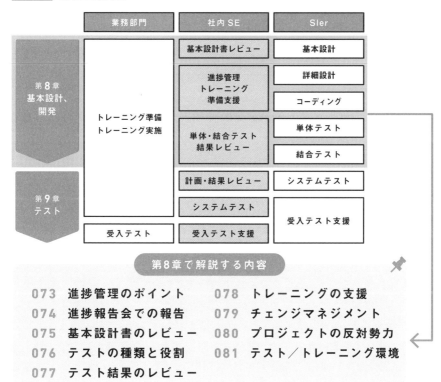

進捗管理のポイントを
押さえる

■ 社内SEが進捗を管理する

　SIerの支援を受けてシステム構築する場合は、社内SEが進捗とアウトプットを管理することでシステム品質の担保を目指します。SIerの支援を受ける場合は、一般的に図8-3のような段取りで流れます。SIerが設計書を書き、社内SEがレビューし、その内容を元にSIerで開発とテストを行い、テスト結果をレビューします。社内SEは直接的に開発に関与しないため、設計書の品質とそれに関連するプロセスの担保がカギになります。

図8-3 SIerの支援を受ける場合

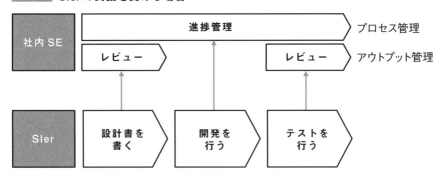

■ 進捗管理方法

　進捗を管理するためには、要件や成果物一覧についての合意が前提になります。システムを構築するために必要なものをSIerと合意した上で進捗管理を行います。進捗管理は、進捗管理の仕組みを作ったら情報収集→判断→行動、これらをぐるぐる回していく必要があります。仕組みを作るだけでも、情報を収集するだけでも、判断するだけでも、行動するだけ（行動しっぱなし）でもNGです。これらを1セットにして回すことがポイントです。

図8-4　進捗管理の1セット

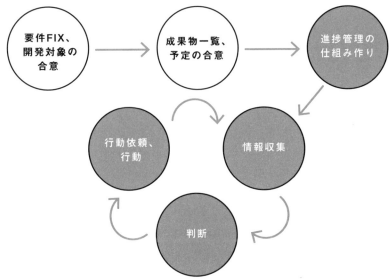

進捗管理の仕組み

　進捗管理を実施し、適切な情報が適切なタイミングで社内SEに集まり、判断と行動ができる状態にする必要があります。そのために、まずは進捗管理の仕組みを作る必要があります。

図8-5　進捗管理のための仕組み

仕組み	内容
進捗報告会を セッティングする	日次、週次、月次など定期的な進捗・課題確認の場を設定する。定期的に確認しなければ進捗や課題の情報を収集できない。
ツールを導入する	ツールやフォーマットを導入し、進捗の可視化を行う。自社にツールがない場合は、SIerがプロジェクトで常用する進捗管理ツールを使わせてもらうのも手。
報告フォーマット を用意する	小規模プロジェクトであればWBSを見ながら進捗やうまくいっていないことを共有することも可能だが、関係者が多い場合は進捗状況、課題、打ち手、次週の予定などを整理する文書化が必要。筆者はPowerPointを使うことが多い。

進捗報告会で報告を受ける

進捗報告の目的

進捗報告を受ける目的は、情報の収集ではありません。必要な情報を集め、判断し、行動を促す（もしくは自身で行動する）ことです。

SIerの支援を受けている開発では、さもうまくいっているかのような進捗報告を受けるかもしれません。しかし、そもそも考えてみてください。もし事業会社の事業／業務部門とSIerで問題なくシステム構築ができるのであれば社内SEという職業自体がないはずです。彼らだけではうまくいかない、困ることがあるから社内SEが存在しています。

プロジェクトは計画を立てて推進すればそのまま進むものではなく、課題をあぶり出し解消しながら進めるものです。これを忘れて丸投げしてしまっては、プロジェクトの性質上うまくいくはずがないのです。

進捗報告のフォーマットはプロジェクトにより異なりますが、収集したい観点は同じです。

図8-6 進捗報告で収集する情報

情報	内容
現在の進捗	作業状況は予定に対してどのような実績か。
発見した課題と対応状況	発見した課題およびその課題をどのように解決しようとしているか。
次週の予定	次週の活動およびそのための準備は順調か。この情報をチームをまたいで共有することで関連するチームへの働きかけに使える。
その他報告・懸念事項	「XXさんがXXから長期休暇」など。一見プロジェクトに直接関係がなさそうでも、リスク吸い上げという意味で非常に重要な項目。

進捗報告の注目点

　社内SE 1年生は、進捗報告を受け情報を収集できたとしても、その情報から
どう次の行動を取るべきか迷うはずです。図8-7は、進捗報告から課題を検知し、
次の行動につなげていくためのヒントをまとめたものです。

図8-7 進捗報告の注目点

注目点	内容
進捗のずれ	予定と実績の乖離には必ず原因があり、掘り下げが必要になる。遅延の原因は何か、原因は一過性か、今後も発生するのか、今後も発生する場合は打ち手はあるのか、などに注目する。
課題ゼロ	プロジェクトでは課題ゼロはあり得ない。課題がない場合、必要な検討がされていない状況を疑うべき。途中経過で構わないので、一度成果物のレビューを行う。課題がないは、そもそも作業を洗い出せていないリスクがある。
課題滞留	課題は挙がるものの一向に消化されていかない場合、人の適切な巻き込みができていない可能性がある。課題の棚卸を行い、その課題を誰がどう解決できるのかを定義する。間違っても、その場で全ての課題を解決しようとしないこと。
進捗報告がない	可能性としては進捗を報告する担当者がうまくいっている個所だけ報告し、話したくない個所を報告対象から除外している場合や、調整漏れで報告対象になっていない場合など（複数のSlerが参画するなど複雑な開発体制で起きがち）。これを予防するために、体制図やRASCIを元に責任範囲を押さえた上で進捗報告会をセッティングする。もしくはプロジェクトの構成を複雑にしすぎない。
報告する人	誰が報告しているかもポイント。プロジェクトに熟練者と初心者がいる場合、当然、初心者の進捗報告は注意してヒアリングすべき。

基本設計書をレビューする

■ 丸投げ社内SEのパターン

　基本設計を成功させるためには、SIerに基本設計を丸投げせず、きちんと成果物のレビューを実施することが重要です。当たり前と思うかもしれませんが、丸投げについて理解していないと、自分では正しく行動しているつもりが、実は丸投げになってしまっている場合もあります。

　丸投げは、何もせずに放置している状況だけを指すわけではありません。やったつもりになっているだけで、あるべき方向への軌道修正ができていない場合、それは結果的にSIerへの丸投げと一緒です。高額請求、成果物なし、回らない運用が、いとも簡単に出来上がります。丸投げに陥る社内SEにはパターンがあります。

▼いつ何の成果物が出来上がるか把握していない

　そもそも成果物を把握していなかったり、いつ何の成果物が出来上がるのか把握していない場合、プロジェクトに遅延が発生しても、SIerにその対策検討を端折られても、気づくことができません。

▼会議に参加しない、発言しない

　会議を業務部門とSIerに任せきることも丸投げです。あるべきシステムに導くことはできません。また、会議に参加しても発言すべきときに発言しないのは会議にいないことよりも問題です。社内SEが会議に出席していたということで、それは合意済みと既成事実になってしまう場合もあるからです。

▼自分の頭で考えない

　プロジェクトでは経験豊富なSIerがもっともらしく意見を述べるかもしれませんが、それを鵜呑みにして何も発言しないのは丸投げです。SIerよりもはるかに

自社ビジネスと業務を理解し、自社の立場で物事を考えられるIT部門の人間が本来の社内SEです。

■ レビューのポイント

どのような観点で基本設計書をレビューすべきか、システム的な内容はプロジェクトごとに異なるため、それらを除いて気をつけたい点を図8-8にまとめます。

図8-8 基本設計書レビューのポイント

観点	内容
要件	要件を正しく伝えたつもりでも、基本設計書を書く人の解釈が違えばシステム設計は間違った方向に進む。要件の実装という観点だけでなく、そのシステム設計で業務課題を解決できるか確認が必要。課題解決のための要件がそもそも間違っている場合もある。気づくなら実装前。
情報量と質	設計書の条件は、プログラマーがそれを見ながら求めるシステムを構築できること。プログラマーが理解できるものでなければNG。これまで要件定義に関わってきたSIerには常識でもプログラマーが知らない情報もある。
誰が書いたものか	何が書いてあるかに加え、誰が書いたかも重要。人の個性は設計書の記述にも表れる。SIer 10年選手と1年選手では品質に差があって当然。
問題点の横展開	設計書を1つレビューして問題点を発見した場合、大抵、他の仕様書でも同様の修正が必要になる。同じ指摘を複数回しなくてもいいように問題点をSIerに横展開して成果物を修正してもらう。
自社システム全体像	SIerが書く基本設計書はスコープ内のみ。それを踏まえて、例えばUIは社内の他UIに合わせたほうがユーザーの学習コストを抑制できるなど、「自社システム全体でどうなのか？」を考えながらレビューする。
有識者の巻き込み	基本設計書を社内の有識者にレビューしてもらうことも重要。インフラ、運用、セキュリティなどの視点で必要部分をレビューしてもらいアドバイスを受ける。
業務部門の巻き込み	必要に応じて業務部門にも基本設計書の一部をレビューしてもらう。業務部門とIT部門の役割分担はあるものの、お互いに協力して品質担保を目指す。

テストの種類と役割を
理解する

システム構築におけるテスト

　システム構築におけるテストは、役割の違う人（SIer、IT部門、業務部門など）が様々なテストを段階を追って実施し、品質を担保します。1テストで全ての観点を確認するようなことはしません。図8-9は、V字ウォーターフォール開発におけるテストの種類と観点を示したものです。

図8-9　V字ウォーターフォール開発におけるテストの種類と観点

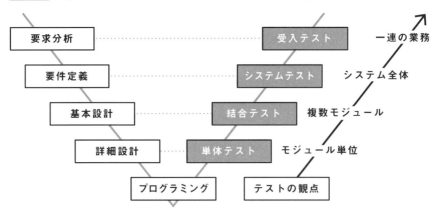

　社内SE 1年生は各テストの観点を理解していないと、例えばSIerが報告する単体テストの結果に対して、「なぜ業務シーンを想定したシナリオがないのか？」など的外れな指摘をしてしまいます。

　テストは、まずは開発した細部（モジュール）から確認します。そして、複数のモジュールをつないだ機能間を確認し、その後システム全体の品質を確認します。最後に、テストにより動作が担保されたシステムで、業務要求を担保できているのかを確認します。

図8-10 単体テスト、結合テスト、システムテストの範囲イメージ

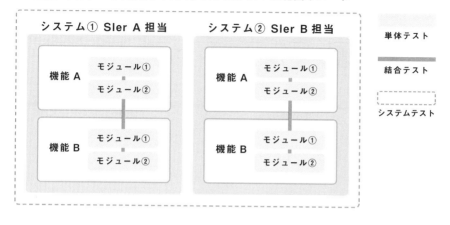

テストの役割分担

　テストを誰が実施するかは、プロジェクトの規模やSIerの構成によって異なります。

　例えば、1つのSIerが開発したシステムで比較的規模が小さい場合、システムテストをSIerが実施し、その後、受入テストを社内SEと業務部門で実施したりします。複数のSIerで開発する場合、社内SEがSIer AとSIer Bのシステムを合わせたシステムテスト（総合テストと呼ぶ場合もあります）を実施し、その後、業務部門が受入テストを実施したりします。契約によっては、複数システムにまたがる社内SE実施のシステムテストをSIerが支援する場合もあります。

図8-11 役割分担の例

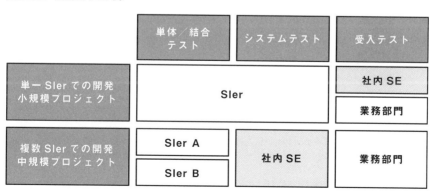

テスト結果をレビューする

■ 単体テスト、結合テストの結果レビュー

　開発が想定どおり進んだかどうかを単体テスト、結合テストの結果レビューで担保します。不具合や障害に気づくのが早期であるほど改修する時間とゆとりを確保できます。

　単体テスト、結合テストの結果レビューで確認すべき観点は、テストが適切に計画されたこと、テストが正しく実施されたこと、不具合がきちんと改修されたことの3つです。

▼テストが適切に計画されたことの確認

　テストの結果確認だけでは不十分です。そもそもの計画の妥当性を確認すべきです。スクラッチ開発の単体テストの場合、テスト自体の妥当性は、テスト密度（テスト数÷システム開発規模）で確認できます。各SIerにはテスト密度の基準があるはずなので、今回のテスト結果が十分に基準を満たしているか、満たしていないのなら、その理由の妥当性について確認が必要です。

▼テストが正しく実施されたことの確認

　バグ数÷システム開発規模で算出されるのがバグ密度です。例えば、プログラムの行数がどちらも1,000の開発があったとします。

①の開発：10件の不具合を検出　→　バグ密度0.01
②の開発：100件の不具合を検出　→　バグ密度0.1

　この場合、②のほうが明らかに品質が悪いといえます。

③の開発：開発規模10,000行、100件の不具合を検出　→　バグ密度0.01

バグの数は③が一番多いですが、品質は①と同等といえます。

バグ密度は全体で見る方法もありますが、開発された機能別に検証し、バグ密度が異常に高い機能エリアに関しては、なぜそのエリアのみバグ密度が高いのか深堀りをすべきです。

図8-12 テスト結果を受けて取るべきアクション

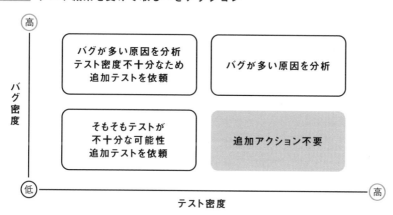

不具合の傾向から潜在している問題を見つける

テストで検出された不具合は、しっかりと直しきることに意味があります。さらに、不具合の傾向から潜在的な問題をキャッチできるようになると、まだ検知されていない不具合を事前にあぶり出せるようになります。以下は、検出された不具合＝見えている課題から潜在的な問題を発見するためのヒントになる観点です。

- ・検出された不具合の傾向は？
- ・不具合が一部の機能に偏っていないか？
- ・不具合の検出個所に違和感はないか？
- ・不具合が出るべき個所で出ているか？　開発の難易度と合致しているか？
- ・簡単な改修個所なのに不具合が発生している個所はないか？
- ・不具合が何も検出されていない個所はないか？
- ・そもそもテストは十分な質と量で計画されているか？
- ・この結果をプロジェクトマネージャ／プロジェクトリーダーに報告したらどんな質問が飛んできそうか？

トレーニングを支援する

基本操作トレーニングと業務運用トレーニング

　せっかく作ったシステムも使えなくては宝の持ち腐れです。トレーニングを実施し、リリース後の運用を支援する必要があります。トレーニングには、システム操作マニュアルに基づいて基本操作を学ぶトレーニングと、業務マニュアルに基づく業務運用トレーニングの2つがあります。

図8-13 2種類のトレーニング

　基本操作トレーニングは、基本的なシステムの使い方をシステム操作マニュアルにそって学ぶことです。業務運用トレーニングは、実際のオペレーションでの手順やプロセスにそって、システムを使った一連の業務フローについて学ぶことです。

　社内SEが提供するのは、システムの基本的な操作のトレーニング部分のみです。業務運用トレーニングは、業務部門が担当する必要があります。業務部門がトレーニング資料を用意する際には、システムの基本的な操作方法の情報やマニュアル作成用に画面スクリーンショットが必要になることもありますが、それでも社内SEが業務マニュアルを作ることはありません。業務トレーニングの主体は業務部門です。

■ トレーニングの準備

業務部門の担当者によっては、きっちり計画書を作成しトレーニングを実施する人もいれば（小さいプロジェクトでは特に）、そうでない人もいます。いずれの場合も社内SEは業務部門から必要な情報を入手し、トレーニング準備を支援する必要があります。

図8-14 トレーニング準備に向けたヒアリング項目

項目	内容
トレーニング期間や時期	パッケージソフトや SaaS の場合、比較的トレーニング環境の用意は柔軟にできる。スクラッチ開発の場合は、開発環境とトレーニング環境の調整が必要になる場合が多い。 あまり早い時期にトレーニングを希望されると、機能実装やシステム品質が担保できていない場合もある。そのような環境でトレーニングしても再トレーニングになるかもしれないことを業務部門に伝える必要がある。
トレーニングのシナリオ	トレーニングは、開発やテストを行っている横で行われることが多い。その場合、アプリケーションの準備は終わっていても、システムを使うためのデータの準備が終わっていないなどの事態も考えられる。業務部門がどのようなトレーニングを想定しているかヒアリングし、そのトレーニングに必要となるデータを誰がいつまでに準備するか検討する。
トレーニングの評価基準	業務ユーザーをトレーニングし習熟させる責任は業務部門にある。習熟度を測る指標や基準がないトレーニングは、やりっぱなしになるリスクがある。その場合、システム稼働後に業務が回らないことが露呈し、慌てて機能追加という事態も起こり得る。トレーニングの習熟度を測れる仕組みが必要。

どうしても業務部門で十分なトレーニングを行う工数や気概がないという場合、それを放置するとせっかく作ったシステムも使われない仕組みになってしまいます。もしそのような状況で予算に余裕がある場合には、SIerにトレーニングを支援してもらうという方法もあります。

チェンジマネジメントを
理解する

■ チェンジマネジメント

　従来のシステム開発は、システムを業務に合わせて開発／カスタマイズする
Fit & Gapが主流でした。近年では、パッケージやサービスをベストプラクティ
スとともにフル活用し、バージョンアップにも対応したFit to Standardが主流に
なっています。Fit to Standardで業務をシステムに合わせるためには、業務だけ
ではなく人の考え方や働き方にも変化を促す必要があります。その管理手法が
チェンジマネジメントです。

図8-15 **チャンジマネジメント**

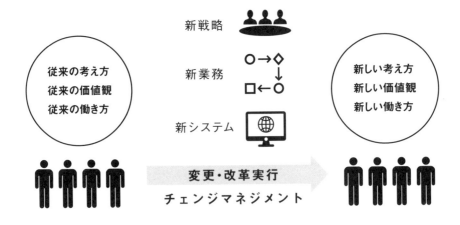

■ チェンジマネジメントとの関わり

　社内SE 1年生は、チェンジマネジメントに関して以下の3つを押さえることを
お勧めします。

①情報を意識的に受け止める

変化は意図的に計画、実行され、様々な情報が様々な手段で発信されます。いつ・どこで・誰が・どのように・どんな変化を期待しているか考えながら受け止める必要があります。

情報発信手段は定期的なメール配信、Web、会議、飲み会などと様々ですが、なぜそのチャネルであの人が、あの言い回しで伝えたのかの理解が必要です。情報を素通りさせず、情報の狙いを考える習慣が社内SE 1年生のうちから求められます。

②自分の領域ですべきことを理解する

社内SE 1年生がチェンジマネジメントの全てを負うケースはほぼないでしょう。チェンジマネジメントを担うチームで図8-16の上側が検討され、それを元にあなたがすべきことを自分事化します。組織全体で変化を狙ったとしても、最終的にはチーム単位、個人単位での変化につながらなければ変化は起こりません。

図8-16 全体のチェンジマネジメントと自分事化

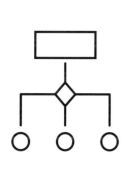

| 組織、プロジェクト全体 | ・ビジョン、目的、課題の明確化
・変革体制の構築
・従業員への情報発信
・変革環境整備、阻害要因対応
・短長期の目標設定と評価 |
| 社内SEを含む各個人 | ・課題の自分事化
・担当領域での貢献の理解
・チーム内での情報発信・交換
・阻害要因対応
・目標の理解 |

自分事化して行動に結びつける

③情報を伝播させる

自分事化できたらそこで終わりではありません。プロジェクトに端を発する変化の波は、組織、チーム、関係者へ伝播させる必要があります。社内SE 1年生のあなたもメッセージの伝播を担わなければいけません。

プロジェクトの
反対勢力について理解する

反対勢力は必ず現れる

プロジェクトにおける変革は、とどのつまり個人での変化につながらなければ全体のムーブメントにはなりません。変化が促される場面では、必ずといっていいほど変化を拒み受け入れようとしない反対勢力が現れます。

149ページで述べたように、プロジェクトでは、大体プロジェクトメンバーの1〜2割は意欲的なリーダー、同じく1〜2割くらいは反対勢力です。それ以外の人は、特にリードも反対もしないフォロワーです。これは、プロジェクトの大小にかかわらず大体同じような比率になります。

反対勢力に対する解釈は、意図的に妨害してくる人たちというより、新しいやり方、考え方を受け入れるのに他者よりちょっと時間と手間がかかっている人たち、くらいがベターです。反対勢力は必ず一定数存在すると考えて肩の力を抜く必要があります。

図8-17 変化に対するタイプの構成割合

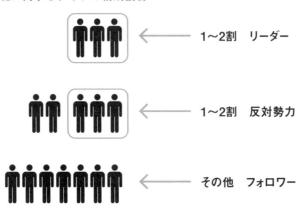

1〜2割　リーダー

1〜2割　反対勢力

その他　フォロワー

反対勢力のタイプと対策

　反対勢力にも様々なタイプが存在します。ボストン・コンサルティング・グループのジーニー・ダック氏は、変革に非協力的な人を「チェンジモンスター」と名づけ、7つのタイプに分類しています。

- **タコツボドン**：タコツボに閉じこもるタコのように他者とのつながりを持とうとしない人
- **ウチムキング**：内向きの視点で社内評価ばかり重視する人
- **カコボウレイ**：現状から目を背け過去に固執する人
- **ミザル・イワザル・キカザル**：我関せずの姿勢で改革の嵐が通り過ぎるのを待つ人
- **ノラクラ**：改革に否定的な意見や言い訳ばかりを並べ、改革に協力しない人
- **マンテン**：満点を目指したいのでリスクがあると行動しない人
- **カイケツゼロ**：課題の指摘や言い訳に長けているものの解決策を出せない人

　すでにプロジェクトで反対勢力に対峙したことがある人は、上記のタイプに心当たりがあるのではないでしょうか。対応方法は、反対勢力がどのタイプでも1つです。あなたが伝えなければいけないことをまずはチャレンジして自身で発信し、それがダメなら次の人にバトンタッチする。これだけです。経験上、反対勢力は「何を」よりも「誰が」いっているかを重視する傾向が強いです。

　あなたが説得できない場合はエスカレーションし、他の人に対応してもらいます。それでもダメなら体制図をどんどん登り、対応してもらいます。このようにエスカレーションし、あなた1人ではなくチームでの解決を目指します。

　面白いことに、まったく同じ内容の話を違う人からしてもらうだけで説得できることがあります。相手が人ではなく職位に耳を傾けているのかもしれませんし、同じ話を違う人から何度も聞くうちに納得したのかもしれませんし、単なる時間の問題だったのかもしれません。複数での説得は意外とうまくいきます。

　最後に補足しておきたいのが、反対勢力の人も根はいい人であるという点です。あなたの姿勢が、その人に対してアゲインストになってはいけません。オープンな気持ちで臨み、その人に寄り添いつつも、その人に向かって話すのではなく、あるべきゴールのほうを向いて話すことをイメージしてみてください。

テスト／トレーニング環境を
準備する

■ テスト／トレーニングのための環境

　テストやトレーニングを開始するには、アプリケーション、データ、インフラ、物理的な業務環境がそろっている必要があります。

　理想は、プロジェクト開始時にSIerと締結する契約書にテスト／トレーニングに必要な要件が洗い出されていることですが、システム要件やTo-Be業務フローが固まらない中での契約では、機能要件・非機能要件がある程度固まった段階でテスト／トレーニングに関する要求・要件を整理する必要があります。

　業務部門にテスト／トレーニングに関するヒアリングを実施し、その結果に基づきSIerと調整します。調整するといっても、全ての条件を飲む必要はありません。SIerとの相談でできること・できないことを整理し、業務部門とも調整すべきです。

　システム構築プロジェクトでよく出てくる「環境」は以下の4つです。

図8-18 システム構築における「環境」

種類	内容
本番環境	業務部門による受入テストが完了した、日々の業務を実施する環境。
開発環境	システム開発を行う環境。本番運用後も、不具合対応のためのプログラム修正やエンハンス開発のために利用。
検証環境	単体テスト、結合テスト以降のテストを行う環境。本番運用後も、修正アプリケーションの確認に利用。
トレーニング環境	ユーザーがトレーニングする環境。システムリリース後もトレーニング専用環境として利用。

■ 環境準備のポイント

上記のうち検証環境、トレーニング環境を準備する際のポイントをまとめます。

▼同一環境か別々の環境か

検証環境、トレーニング環境は、同一環境にする場合と分ける場合があります。以下は、同一環境にする場合と別々の環境にする場合の違いです。プロジェクトにとってどの観点が重要かを検討する必要があります。

図8-19 同一環境と別々の環境の違い

	検証とトレーニングを同一環境で	検証とトレーニングを別々の環境で
環境構築	一度で行える。	複数回行うことが必要。構築費用だけでなく、利用のためのデータ投入などの工数も発生。
維持管理費	抑制できる。	割高になる。
テスト／トレーニング	テストとトレーニングで調整が必要。障害発生時、トレーニング遅延のリスクがある。	それぞれ任意のタイミングで行える。

▼検証環境、トレーニング環境へのデータ投入

テスト／トレーニングを実施するためにはデータが必要です。アプリケーションだけあっても、マスタの設定がなければ動きません。必要となるデータを誰が、どのように準備するか業務部門と取り決めます。データの準備は、社内SEは業務部門の仕事と考え、業務部門は社内SEの仕事と考えがちなので注意してください。

▼周辺システムとの接続

テスト／トレーニングを実施するためには、プロジェクトで構築・改修するシステム以外に、前後の工程で利用されるシステムが必要になる場合もあります。企業によっては検証／トレーニング環境に制約があり、前後の工程で利用されるシステムとのデータ連携が確立されていない場合もあります。テスト／トレーニングのスコープを理解し、必要となるシステムの一覧を特定しましょう。その上で、適切にシステム間の連携ができる状態を準備する必要があります。

第 8 章 の まとめ

要件が FIX しても丸投げは禁物。社内 SE がフォローしなければ、あるべきシステムから乖離したシステムが出来上がるリスクがある。

基本設計では、SIer のプロセス（進捗）とアウトプット（成果物）を管理し、品質を担保する。

進捗報告を受ける目的は、必要な情報を集め、問題個所を特定し、行動を促す（もしくは自身で行動する）こと。

テストは、様々な種類のテストを役割の違う人が段階的に実施する。1つのテストで全てを担保することはない。

テストでは不具合に気づくのが前工程であるほど改修の時間を確保できる。後工程になるほどリリース遅延のリスクが高まる。

トレーニングを実施し、リリースに備える。トレーニングは基本操作を学ぶこと、システムを使った業務運用を学ぶことの 2 つがある。

パッケージ導入では、ベストプラクティスを活用し、業務をシステムに合わせる Fit to Standard が主流。考え方や働き方の変化の管理手法がチェンジマネジメント。

第 **9** 章

システムテスト

社内SE基礎

第1章
社内SEを取り巻く概況

第2章
求められるスキル

第3章
運用保守と
プロジェクト管理

第4章
システム構築とは

システム構築

第5章
プロジェクト起案

第6章
プロジェクト立ち上げ

第7章
要件定義

第8章
基本設計と開発

第9章
システムテスト

第10章
移行

第11章
リリースと運用

Intro ⟫⟫

品質改善のために
不具合を正しくとらえる

第9章で解決できる疑問

- システムテストと受入テストの違いは？
- システムテストでは何を準備する？
- システムテストでは何を担保すればいい？

☐ テストにおける不具合

　第9章では、単体テスト、結合テスト以降のテストに関して解説します。多く
の場合、社内SEがシステムテストを推進し、その後、受入テストを事業部門や
業務部門が実施します。

　さて、システムテストで見つかる不具合は悪いことでしょうか？　いいことで
しょうか？

　社内SE 1年生は、テストで検出される不具合を以下のようにとらえる必要が
あります。

- ・どんなシステム構築でも大なり小なり必ず不具合は発生する
- ・プロジェクトの目的は完璧なシステムを作ることではなく、目標とする効果
　を実現できる業務運用を作ること。システムはその1要素
- ・テストで検出される不具合は、リリース前に品質を上げるチャンス
- ・最悪の事態は不具合を検出できずに本番障害につながること

　テストで検出される不具合は、本番障害を未然に防ぐ重要なものです。不具合
は悪いものではなく、品質改善のチャンスです。積極的に見つけリリース前に修

正することで、目指すビジネスプロセスの構築に貢献します。この考え方がないと、テストで発見される不具合に不必要にストレスを感じてしまいます。悪くすると不具合から目を背けてしまったり、結果を隠蔽してしまったりします。

□ 第9章の内容

第9章では、SIerが単体テスト、結合テストまで実施し、その後、社内SEがシステムテストを推進し、そして業務部門で受入テストを実施することを前提にします。第9章で軸となるのは社内SEによるシステムテスト推進で、受入テスト支援についても触れます。

図9-1 **第9章の内容**

第9章で解説する内容

082 システムテストの全体像
083 システムテスト計画
084 テスト計画書
085 システム間連携テスト
086 開始・終了判定チェックリスト
087 現新比較テスト

088 性能テスト
089 エビデンス
090 不具合検知と報告
091 不具合の原因究明
092 システムテスト完了報告
093 受入テストの支援

システムテストの全体像を
押さえる

システムテストの位置づけ

　システムテストは、SIerにより構築されたシステムを受け入れるかどうかの関所となる重要なテストです。システムテストでシステム品質を担保し、業務部門での受入テストへとつなげます。

　システムテストは、機能要件に基づき定義した機能が想定どおり実装されているかを確認します。社内SEが責任を持つのはこの範囲で、業務視点でのテストは担保しません。仮に、機能要件どおり機能実装されたけれども、実際の運用を開始したら想定した業務ができないとなっても、それは直接的には社内SEの責任ではありません。あくまでも社内SEは、システム視点で機能要件、非機能要件が想定どおり実装されていることを確認します。

　ただし、これは少々極端なとらえ方です。これからの社内SEに期待されているのは、仕様どおりのシステム構築はもちろん、部門間の垣根を越えてビジネスに貢献できる人材です。

システムテストの種類

　システムテストは様々なテストを含む総称です。システムテストと一言でいっても、システムテスト＝機能テストであったり、システムテスト＝図9-2の全テストであったりと、企業やSIerによって定義が異なるのが実態です。

　システムテストという大きな枠組みの中で、図9-2のそれぞれのテストに分けて実施されることもあります。もしくは、広義のシステムテストの中で、それぞれのテストの要素を含んでシステムテストとして実施される場合もあります。

　システムテストをどのように進めるかは、自社文化やSIerなどに左右されるため確認が必要です。もっとも、切り方が違ってもシステム品質を高めるために行うシステムテストの要素が大きく異なることはありません。

図9-2　代表的なシステムテストの種類

種類	内容
システム間連携テスト（外部結合テスト）	新システムと連携するシステムとのインターフェースに問題がないことを確認する。すでに結合テストで行っていることであるが、システムテスト前に再度確認することもある。特に自社で検証環境をシェアしている場合、結合テストでは問題がなくても、外部の影響などによって疎通できなくなっていたりすることもある。
機能テスト	要件定義で取り決めた、ユーザーが求める機能を確認する。性能テストや負荷テストとあわせて実施することが多い。機能要件を元にシナリオを作成してテストを行う。
性能テスト	非機能要件で定義された、システムのレスポンス性能やデータの処理速度などを確認する。ある程度品質が担保されたテスト終盤に、検証・本番環境で行う。
ユーザビリティテスト	ユーザーにとって使いやすいシステムか確認する。機能テストや性能テストでも確認できるので、ユーザビリティテストと統合する場合もある。
セキュリティテスト	要件定義で取り決めたセキュリティに関する要件が満たされているかを確認する。事業会社では、セキュリティ要求・要件はインフラチームやセキュリティチームが定義することが多く、テストもインフラチームやセキュリティチームが担うことが多い。
リグレッションテスト（回帰テスト）	追加開発の場合などで、改修・開発しなかった既存の機能が問題なく動作するかを確認する。全機能をテストすることはできないので、間接的に影響を受けるプロセスやデータに絞って行う。
負荷テスト	機能の挙動を確認する機能テストは負荷のない状態で行うもの。実際の運用では、大勢のユーザーが同時アクセスしたり、注文が集中し高負荷になる場合もあり、非機能要件で定義した内容を元に負荷テストを行う。
現新比較テスト	既存システムのリプレイスの場合など、旧システムでアウトプットされるデータと新システムでアウトプットされるデータを比較し、問題がないか確認する。

システムテスト計画を
作成する

■ テスト開始前の時間を有効活用

　システムテストのプロセスは、大きく「計画」と「実施」に分類できます。システムテストにおける最大の敵は、システムテストで発見される不具合ではなく、時間です。

図9-3 計画と実施

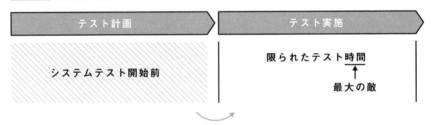

　時間を味方につけるためには、比較的融通が利くテスト開始前を有効活用し、システムテスト計画を立案する必要があります。上手なシステムテスト計画は、ここで解説するコンテンツが適切に準備されているばかりでなく、テスト前の時間を有効活用する段取りも考慮されています。

■ テスト開始前の準備

　システムテストに関連する成果物の一覧を図9-4にまとめます。テスト計画書やテスト手順書、開始・終了判定チェックリストなどを準備するだけでなく、エビデンスの残し方や進捗管理ツールなども考慮し、できるだけ早めに準備にかかることで時間を有効活用できます。

　全てを一から作る必要はありません。過去のプロジェクト担当者にコンタクト

し、自社にある過去のリソースをリサーチします。流用できるものは積極的に流用して準備を進めましょう。以降のページでは、以下の成果物のいくつかについて具体的な準備のポイントを解説します。

図9-4 システムテスト関連成果物

成果物	内容
テスト計画書	テストの目的・前提、スコープ、手順、スケジュール、体制を記載する。計画書を作ることによってテストの準備が洗練されるとともに、テスト計画書を元に関係者間で情報共有することもできる。
開始・終了判定チェックリスト	テストの開始や終了を判断するために必要となる項目をリスト化する。あらかじめ洗い出しておくことで、場の雰囲気に流されることなく網羅的かつ冷静に判断できる。内部報告資料のソースとしても活用できる。
テストシナリオ一覧	実施する・しないは横に置いて、考えられるテストシナリオを網羅的に洗い出す。一覧を元に実施が必要なシナリオ、実施しないシナリオを選定する。
テスト手順書	テストシナリオ一覧の中で実施が必要となったテストシナリオごとのテスト手順詳細を記載する。
エビデンス	正確にテストが実施されたことを証明するための証拠。不具合発生時には、SIerなどと不具合を共有するためのインプットになる。
進捗・課題管理表（ツール）	テストの進捗や課題を管理するためのExcelやツール。会社が指定することもある。
テスト結果サマリー	テスト予定件数に対する実績、発見された不具合、改修された不具合を記載する。不具合の傾向から発見された課題についても整理する。報告のためだけではなく、システムテストを振り返るための材料として活用することがお勧め。

テスト計画書の書き方を
押さえる

システムテスト計画書

　システムテストは、システムテスト計画書が起点となって動きます。そのため、しっかりと時間をかけて練り上げる必要があります。システムテスト計画書に書くべき項目と書く際のポイントを図9-5にまとめます。

図9-5　システムテスト計画書のポイント

項目	内容
テストの目的	システムテストで何を担保するのか目的を明確にする。目的に基づいてテストを行う範囲や前提事項を決定する。例えば、今回のプロジェクトは軽微な機能改修のため、性能の観点は除外し、定義した機能について担保することを目的にする、など。
範囲（スコープ）	どの領域をテスト範囲とするのかを記載する。システム、データ、業務、機能など様々な切り口で絞り込みが可能なため、プロジェクト内での合意が必須となる。 例えばデータの観点なら、どのようなマスタデータを前提とするのか、置き換えられるシステムからどこまでのデータをテスト環境に移行するのか。 開発した機能のスコープの観点なら、プロジェクトでは100機能開発する想定が、開発遅延により80しか終わっていないため80のみを第1弾としてスコーピングし、残りを第2弾とする、など。
テストの進め方	段取りと役割分担の2つの点を記載する。役割分担の例は、テストシナリオは社内SEが作成し、実施はSIerと協力して行う、性能テストはSIerが行い、社内SEはテストシナリオのレビューと結果の確認を行う、セキュリティテストはインフラチーム主体で行う、など。

テストスケジュール	システムテストの全体日程感を記載する。いつテストシナリオ一覧を作成し、どのタイミングまでにテストシナリオ一覧からテスト手順書を作成するのか具体的な日付を記載する。テストスケジュールは、テスト完了から不具合を SIer が改修し、それを社内 SE が再度テストする時間も考慮する。改修に関連する時間を想定しておかないと改修が十分にできなかったり、スケジュール遅延ととらえられてしまう。改修にどれくらいの期間が必要かは、プロジェクトの規模や開発難易度によってまちまちで経験が求められる。見積もるのが困難な場合はプロジェクトマネージャなどに相談。
テスト体制	契約に基づき誰がどのような役割を担うのか明確化する。以下はシステムテストで必要となる役割の例（小規模プロジェクトでは 1 人で複数の役割を兼務する場合もある）。 ・テスト推進　　→　全体を管理する ・テスト実施　　→　割り振られたテストシナリオを実行する。障害発生時、起票と報告を行う ・障害管理　　　→　報告された障害を管理表やツールにまとめ管理する ・障害解消確認　→　修正されたアプリケーションの品質確認を行う ・報告資料作成　→　テスト結果を配信するための資料を作成する ・テスト環境用意　→　テストのための環境を整備する
アドミン系情報	テスト関連資料の格納先や、チーム内での会議やコミュニケーションで決めたことなどアドミン系の情報も記載する。

システム間連携テストを行う

■ システム間連携テスト

225ページの図9-2にシステムテストの種類を示しました。それぞれのテストとして企画し実施する場合と、広義のシステムテストの中で実施する場合の両方があります。いずれの場合でも、まず初めにシステム間のデータ連携を担保するテストとしてシステム間連携テスト（外部結合テスト）を行います。

前後の業務でシステム間のデータ連携が必要です。SIerは、SIerが構築したシステム内のモジュール間の結合を担保します。そのため、システム間連携テストから社内SEが実施します（契約によってはSIerが支援してくれる場合もあります）。

システムの不具合は、認識離齬によって発生します。この認識離齬が起きやすい個所が、人と人の間、自チームと他チームの間、自社と他社の間といった"はざま"です。システム間連携テストは、まさにこのはざまのため不具合が起こりやすいポイントと認識し、丁寧に取り組む必要があります。このテストでシステム間連携の品質を高めることで、後続のテストを効率的かつ効果的に進めることができます。

■ システム間連携テストの注意点

システム間連携テストの元になるのはインターフェース一覧です。アウトプットされるデータが正しい命名規則にそっているのか、データの取り込みタイミング、取り込み時のエラーログ、取り込み失敗時の再取り込み処理、取り込まれたデータの格納先……このような一連のデータ連携のやりとりに関するシステム品質を確認します。

▼バッチなどのシステム設定漏れを防ぐ

システム間連携テストは、データ疎通を確認するテストと思われがちで、マスタの準備が疎かになりがちです。特に、データ連携バッチやエラー時の連絡先と

いったシステムの基礎的な設定のマスタです。システム間連携テストでそれらの設定を担保していたとしても、障害対応や環境切り替えなどが発生した場合には、これらの設定漏れが発生することがあるので注意が必要です。

▼何を担保すべきか間違えない

システム間連携テストは、システムテストの序盤で実施するテストです。そのため、システム間の疎通をテストしていたつもりが、まったく別の機能的な問題や、運用上問題になるのではないかと思えるようなことに気づいてしまうこともあります。テストにはそれぞれ目的があります。システム間連携テストでは何を担保するのかを理解し、そのテストで担保する観点が完了したら次のテストへと駒を進めるべきです（システムテスト序盤で実施するため、疎通問題以外に機能障害も副次的に見つかる場合があるため）。

見つけた課題は今全て解決が必要と勘違いしてしまうと、次の工程にうまく進めません。どのテストで何を目的に進めるのかを理解し、段階的にシステム品質を上げていく考え方が必要です。見つけた不具合は、早期に別観点の課題を見つけることができたとポジティブにとらえ、課題の位置づけや対処方法をプロジェクトマネージャや業務部門と合意しておけばOKです。

図9-6　インターフェース一覧からシステム間連携テストへ

インターフェース一覧

No	インターフェース名	FROM	TO	要件
1	商品マスタ取り込み	システムA	構築予定システム	更新・新規作成された商品マスタ情報を適宜連携
2	受注情報取り込み	システムA	構築予定システム	受け取った注文情報をリアルタイムで連携
3	処理情報連携	構築予定システム	分析システムB	構築予定システムで処理された結果を連携

システム間連携テスト

No	インターフェース名	FROM	TO
1	商品マスタ取り込み	システムA	構築予定システム
2	受注情報取り込み	システムA	構築予定システム
3	処理情報連携	構築予定システム	分析システムB

インターフェース一覧を確認し、システム間連携テストを行うものを洗い出す

開始・終了判定チェックリストを活用する

チェックリストが必要な理由

開始・終了判定チェックリストは、システムテストの開始と終了に必要となる条件を洗い出し、適切な状況判断を助けてくれるツールです。

プロジェクトでは、社内SEはWBSで計画しているタスクに加え、わいてくる課題に忙殺されます。そのせいで、何がシステムテスト開始までに準備されているべきか、もしくはシステムテスト終了時にはどのような状態になっているべきか冷静に判断することが難しい場合もあります。特に社内SE 1年生なら、慣れないプロジェクトのストレスとプレッシャーでなおさらでしょう。

開始・終了判定チェックリストを用意することで、計画的に準備を進め、準備状況を客観的に判断することができます。事前にリスト化した開始・終了判定チェックリストをプロジェクトマネージャや上司にレビューしてもらえば自信を持って進めることができるはずです。

チェックリストで押さえるべき観点

開始・終了判定チェックリストで押さえるべき観点を、開始判定と終了判定に分けて図9-7、図9-8にまとめます。プロジェクトによっては、以下の観点からさらに掘り下げが必要になる場合もあります。

図9-7 システムテスト開始判定

観点	確認内容
前工程でのテスト結果	
シナリオ消化状況	・前工程でのテストシナリオを全て消化していること ・消化不可だったテストシナリオは妥当な理由が存在すること
不具合の改修結果	・発見された不具合が全て解消されていること ・もしくは次工程開始までに解消が必要な不具合の改修が完了していること

テスト環境	
アプリケーション	・テストするアプリケーションが全て配置されていること
ネットワーク	・テストに必要なネットワークが準備されていること
ハードウェア	・テストに必要な備品や機材が準備されていること
データ	・テストに必要なデータが準備されていること
シナリオ	・テストシナリオの準備が完了していること ・テストシナリオが担当者に割り振られていること
テスト手順	・各テストシナリオを実施する手順が準備されていること
ルール	・エビデンスの格納先、進捗・課題管理表（ツール）のルールが定義され、それを担当者が理解していること
体制	・テストを実施する体制が構築され、リソースの調整が完了していること

進捗、課題、不具合	
ガバナンス	・進捗、課題、不具合を確認・報告するプロセスが定義され、必要となる会議が計画されていること ・上記が担当者に説明済みであること
ツール	・利用する進捗・課題管理表（ツール）が明確化され、担当者が理解していること ・ツールの設定が完了していること
リソース	・不具合に対応する体制が構築され、自社やSIerのリソースが確保されていること

図9-8　**システムテスト終了判定**

観点	確認内容
テスト結果	
シナリオ消化状況	・テストシナリオを全て消化していること ・消化不可だったテストシナリオは妥当な理由が存在すること
不具合の改修結果	・発見された不具合が全て解消されていること ・もしくは次工程開始までに解消が必要な不具合の改修が完了していること
課題	・抽出された課題が全て確認され、システムテストの間に解決が必要な課題が全て解決している、もしくは解決の目途や見込みが立っていること
受入テスト準備	
連携事項	・受入テスト開始に向けて業務部門と前提事項や課題が共有されていること

現新比較テストを行う

■ 現新比較テスト

現新比較テストは、旧システムでアウトプットされるデータと新システムでアウトプットされるデータを比較し、不具合がないことを網羅的に確認するテストです。現新比較テストは、新システムの構築や、システム刷新プロジェクトでFit & Gap でのアプローチで多く利用されます。また、Fit to Standard での新システム導入の場合でも、対顧客向けの帳票でまったく同じアウトプットが要求される部分には有効なテストです。現新比較テストが向くのは以下のような場合です。

・**旧システムと新システムで出力されるデータや帳票がまったく同じ場合（例：対顧客向け帳票）**

逆に向かないのは以下のような場合です。

・**新システムで業務プロセスやアウトプットを全面刷新する場合（例：旧システムで3帳票で実施していた作業が、新システムでは自動化によって全て不要になった）**
・**旧システムが障害だらけで比較元にならない場合**

■ データ比較と帳票比較

現新比較テストは、データと帳票で進め方が異なります。データ比較は、小規模であればExcel、大規模であればデータベースにデータをダンプし、キー項目をベースに機械的に新旧のデータを比較します。検証用に簡易ツールを作成して、テストを効率的に進めることもあります。

帳票比較は新旧のシステムからサンプルを印刷し、Excelなどで旧システムと新システムで見るべき観点の対比表を1枚にまとめ、それをテスターと共有します。

❖ 現新比較テストの注意点

現新比較テストを実施する上での注意点をいくつか挙げます。

▼差分を想定しておく

旧システムと新システムの仕様や処理対象の違いにより処理件数が異なる場合があります。あらかじめ差分が生まれるケースを想定しておかないと、差分の調査に工数がかかり、テスト進捗の遅れにつながることがあります。

差分発生時の分析は、仕様理解とデータ分析が必要になる難易度の高い作業です。大抵、限られた人だけが実施可能な領域です。この分析に十分な時間を確保できるように適切なリソースの調整をお勧めします。

▼ツールを準備する

現新比較テストは、ある特定期間の全件データを投入し、機械的に検証する場合が多いです。全件データの投入のため、場合によってはデータ検証まで自動で行うツールが利用されます。そもそもこのツールの品質が担保されていなければ、テスト品質の担保もできないので注意が必要です。

▼リソースを確保する

帳票の確認作業は人力で行うことが多いです。そのためのリソースを確保しておかないと進捗に響くことがあります。

▼データの断面を合わせる

新旧システムで比較するためには、マスタデータ、トランザクションデータを同等にする必要があります。旧システムが本番運用されていると、テスト期間中でも新しいマスタデータが作られるため、テスト用のデータの断面を合わせる調整が必要になります。

方法は2つあります。1つは、本番運用しているシステムの運用を抑制し、新規のマスタ登録を実施させないことです。こうすることで、新旧のデータの断面を合わせた比較が可能です。

2つ目は、現新比較テストを最新のデータで行わず、ある過去におけるマスタデータとトランザクションデータで実施してしまう方法です。システム設定などからNGとなる場合もありますが、可能な場合は有効な方法です。

性能テストを行う

性能テスト

性能テストでは、非機能要件で定義された要件を正常に処理できるかを確認します。企業によっては、図9-9の全てを性能テストとすることもあれば、それぞれを別のテストとして扱ったりすることもあります。

図9-9 **性能テスト**

種類	内容	例
負荷テスト	現実的な負荷を発生させ動作を検証する	非機能要件で定義した、100名による同時接続テスト
ストレステスト	想定される以上の負荷を発生させ動作を検証する	100名以上での同時アクセスを行い、動作やエラー処理が正常に行われるかをテスト
容量テスト	想定される以上の負荷を発生させ、将来見込まれるユーザー数やデータ量での性能や拡張性を検証する	想定される以上のデータを投入し拡張性をテスト
ロングランテスト	長時間継続的に処理を行い動作を検証する	3日間通してシステムを稼働させてテスト

性能テストにおける成果物はシステムテストと同じです（テストシナリオは性能テスト用に必要）。システムテストと性能テストを別々に行う場合、システムテストで作成した成果物を流用可能です。一方で、企業やプロジェクトによってはシステムテストの中に性能の観点も含んで検証を行う場合もあります。例えば、システムテスト前半は、227ページのテストシナリオ一覧で洗い出したテストシナリオに基づきテストを行い、後半は性能テストを行うといった具合です。

性能テストの注意点

性能テストを実施する上での注意点をまとめます。

▼非機能要件の理解が前提になる

性能テストは非機能要件で定義された性能を検証するため、システムに求められる非機能要件をしっかりと理解することが出発点になります。

▼ベンチマークを定義する

性能テストでよくあるのが、そもそもどこまでの性能を求めるのかの定義がない、もしくは曖昧な場合です。定義がないと、ユーザーの感覚値で何となく遅いと判断される場合もあります。業務で求められている性能のベンチマークを作成し、業務部門と合意して進める必要があります。

▼環境を本番に近づける

性能テストは、本番環境、もしくは本番環境と同等の環境で行う必要があります。本番環境と検証環境の差分が原因で潜在的な不具合となってしまうリスクを除外すべきです。ただし、本番環境はお客様ともつながっているため、テストができる場合とできない場合があります。その見極めが必要です。

▼実施するタイミングを見極める

テストフェーズのあまりにも早い時期に性能テストを行ってしまうと、性能テストを複数回実施しなければいけなくなることがあります。機能テストで不具合が検出された場合、アプリケーションに修正が入ることがあります。その修正前に性能テストを実施していると、修正後の仕様で性能を担保していないことになります。性能テストは、ある程度不具合が落ち着いてから実施すべきです。

ただし、性能テストをリリース間近に実施し、そこで課題が発見された場合、性能改善がリリースに間に合わずリリース延期という事態もあり得ます。性能改善には抜本的なアプリケーションの修正が必要で、時間を要する場合もあります。特にパッケージやSaaSの場合、ベンダーへの調査、パッチ開発などでリードタイムが長くなってしまいがちです。タイミングの調整が重要になります。

エビデンスを残す

■ エビデンス

エビデンスは、テストを実施した記録や証拠となるものです。多くの場合、テストで操作した画面をスクリーンショットで残したり、テストでアウトプットされたデータや帳票を保存してエビデンスとします。

図9-10 **エビデンスの種類**

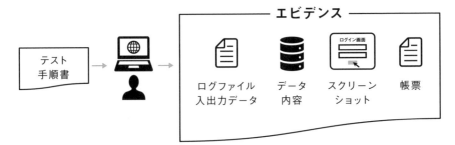

■ エビデンス取得のステップ

エビデンスの取得で多用されるのが画面のスクリーンショットです。画面のスクリーンショットを例に、どうやってエビデンスを残すかを解説します。

①テスト前のスクリーンショットも残す

テスト実施後のスクリーンショットはもちろん、テスト実施直前のスクリーンショットも重要です。テスト後のスクリーンショットだけエビデンスとして取得すると、あとで見返した際に、何の画面にどのような情報を入力し、どんな結果になったのか曖昧になりがちだからです。

②テストのインプット情報を記載する

　エビデンス＝結果を記載すればよい、ではなく、どんなインプット情報をテストで利用したのかもわかりやすく記録することが必要です。記録があれば、SIerが不具合の再現性を検証する際に同じインプットで検証することが容易になります。

③テスト後のスクリーンショットを撮る

　情報入力後、システムを稼働させ、どのような挙動だったのかをスクリーンショットで残します。想定どおりならエビデンスを取得し終了となりますが、想定していた挙動と異なる場合はスクリーンショットを元に不具合の報告を行います。

エビデンスの注意点

　プロジェクトによっては、エビデンスのボリュームはかなりの量になる場合があります。どのテストでどのエビデンスを残したかを管理するために、必ずエビデンスにテスト手順書のシナリオ番号を記載します。また、エビデンスのファイル名もシナリオ番号と紐づけて検索性を担保します。

　エビデンスは、受け取り手にわかりやすく伝わらないといけません。例えば不具合の場合なら、想定外の事象が起きた個所に吹き出しなどを追加し、補足を行います。不具合個所を確実に特定し、不具合の再現性を高めることで対応スピードを上げることができます。

図9-11　エビデンスのイメージ

テストシナリオ番号　AAA　　　　　　　　　　ファイル名：IT Test AAA-001.xlsx
テスト手順書番号　001

239

不具合を検知し報告する

不具合のとらえ方

　障害は想定外の外部要因により発生する事象ですが、不具合は仕様の不備や設定の不備などにより発生する事象です。テストフェーズにおける不具合は、システム品質を高めてくれるチャンスとポジティブにとらえましょう。「また不具合が検出された」と、暗い気持ちや申し訳ない気持ちに沈む必要はありません。

　そもそも人間は不完全な存在で、その不完全な私たちが構築するシステムが完璧なはずがありません。不完全だからこそ、どんなプロジェクトにもテストフェーズが存在します。不具合を見つけ、システム品質を高めましょう。

不具合の検出例

　想定している仕様との差分が不具合となって現れるため、不具合を検出するためには仕様の理解が非常に重要です。以下の2つの挙動を例に解説します。

①メールによる注文をシステムが受けたときに、特定項目が空欄のまま表示される

②メールによる注文をシステムが受けたときに、何も読み取られずアラート通知が行われる

　この2つの挙動は、不具合かもしれませんし不具合ではないかもしれません。①は、もしお客様が入力不要な項目であれば仕様どおりです。②は、注文内容の問題ではなく、支払いが滞留しているお客様に対するアラートであれば想定どおりの仕様です。不具合は、仕様の理解があるからこそ検出できるものです。仕様を理解し、仕様との差異を突き詰める必要があります。

生じた違和感は共有する

システムテストを行うと、「仕様どおりではあるものの運用上問題になるのではないか？」と違和感を覚えることがあります。社内SEとしては、要件定義の際に気づけなかったと後ろめたい気持ちになるかもしれませんが、その苦い気持ちは次回の要件定義の糧として、ここは早急に業務部門と課題共有をすべきです。

不具合ではなくても、業務上NGとなることは起こり得ます。リリース後に業務が回らない状況を事前に回避できる手がかりかもしれませんから、これもポジティブな材料です。改修が必要になるなら、少しでも早く不備を検知し、対策を検討したほうがリリースまでの時間的余裕が生まれます。

変更内容のアセスメント

テストにより要件漏れが発覚し、追加改修を実施する場合は変更管理プロセスを進めます。変更管理プロセスは、変更リクエストの作成→変更内容のアセスメント→変更管理承認者による承認→変更実施→変更の確認→クローズという流れになります。実際の手続きに関してはプロジェクト内のルールを確認します。

社内SE 1年生が承認の役割を負うことは少ないと思いますが、変更内容のアセスメントに関与することはあるかもしれません。以下にアセスメントの観点をまとめます。

- ・改修要求の内容は？　どんな課題が発生しているか？
- ・当初の想定と何が異なるのか？
- ・改修を実施しない場合のインパクトはどれくらいか？
- ・改修を実施した場合の期間と追加コストはどれくらいか？
- ・改修を実施した場合、十分な投資対効果が得られるか？
- ・暫定運用（As-IsからTo-Beへ移行する際の、一時的に業務が混在する状態の業務運用）で対応することは可能か？
- ・なぜ今この改修要求が発見されたのか？　合意形成不足？　テスト不足？　環境の変化？　次のプロジェクトに生かせることはないか？

不具合の根本原因を
究明する

▨ 不具合対応のポイント

　不具合を改修するために必要なことは、優秀なプログラマー、優秀なプロジェクトマネージャがいることではありません。もちろん、優秀な人材がプロジェクトにいれば改修スピードは上がるかもしれません。しかし、それだけではリリースまでに解決が必要な不具合を一掃することはできません。不具合対応のポイントを解説します。

▼ 不具合の優先順位を調整する

　不具合は、テストシナリオを実行した順に見つかります。発見された順番での改修では、リリースまでに改修が必須な不具合を優先したり、リリース後の改修でも十分な不具合を先送りしたりといった調整ができません。まず不具合の原因調査に当たり、改修対応順序は業務に与えるインパクトを基準に調整すべきです。重要なことは、社内SEが不具合対応の優先順位を業務部門と調整することです。この調整がなければ優先的に解消すべき重大な不具合から対応できません。

▼ 期限を決める

　不具合の内容をSIerと共有し、彼らに調査を依頼します。原因を突き止め、改修仕様を検討し、プログラム修正を行います。プロジェクトでよくあるのが、SIerが大量の不具合対応に時間を取られ、新しく見つかった不具合の調査に着手できないことです。

　不具合の調査を依頼しただけ、対応の優先順位を決めただけでは、SIerの都合で改修が実施されてしまうかもしれません。いつまでに調査を完了させるのか、日付を確実に設定する必要があります。期日を切らなければ物事は進みませんし、進捗のフォローもできません。期日も切らない、フォローもないでは改修のスピードが上がるはずもありません。

▼ 原因を深堀りする

SIerによる調査は、根本の原因までは深堀りされないことがしばしばあります。例えば、SIerは不具合の原因を「マスタファイルの設定漏れ」として、その修正で事を収めようとしているとします。社内SEはここで、「なぜ前工程のテストで発見できなかったのか？　なぜ今発見されているのか？　なぜマスタファイルは事前に正しく設定されていないのか？」と、なぜなぜ分析で根本原因を追究する姿勢が必要です。根本原因を特定できたら、42ページのコンセプチュアルスキルで紹介した水平思考やクリティカルシンキングなどを活用し、同様の不具合が発生するリスクが他の個所にもないか推測し、その上でしかるべき行動をSIerに促すことで、潜在する不具合を見つけることも可能です。

図9-12　**不具合の原因の深堀り**

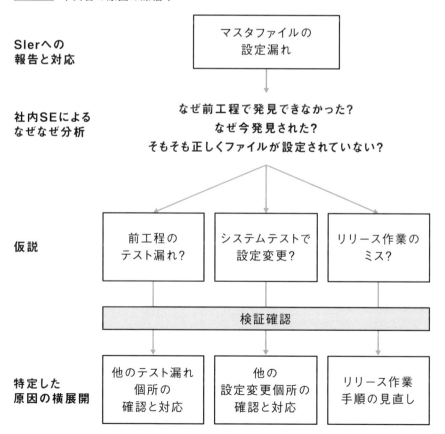

システムテストの
完了報告をする

システムテスト完了報告

システムテスト完了報告で必要となる内容は、テスト進捗、テスト結果、今後のアクションの3つでシンプルです。システムテスト完了報告書を作る上で最も重要なことが、誰の目線で作るかということです。

状況をまとめるだけであれば誰でもできます。何件のテストを消化し、何件の不具合が発見され、何件が未完了なのかデータをまとめるだけです。もちろん、これでは不十分です。報告は、相手が求めることを理解し、その上で適切な抽象度まで削ぎ落とす必要があります。

図9-13は、システムテスト完了報告を行う対象別に報告内容を整理したものです。

図9-13 報告相手と報告内容

報告相手	報告内容
開発リード	・システムテストのシナリオの網羅性 ・シナリオ概要 ・テスト件数、解消済み不具合件数、残不具合件数 ・残不具合に対する改修の目途と受入テストへの影響 ・解消に向けた今後のアクション
IT プロジェクト マネージャ	・テスト件数、解消済み不具合件数、残不具合件数 ・残不具合に対する改修の目途と受入テストへの影響 ・解消に向けた今後のアクション
業務プロジェクト マネージャ	・システムテスト結果のまとめ ・残不具合に対する改修の目途と受入テストへの影響 ・発見された課題のうちプロジェクトでの判断が必要な内容
役員など	・プロジェクトの現状およびビジネスに及ぼす影響

大規模プロジェクトの場合、社内SE 1年生がプロジェクトマネージャや役員に直接報告するケースはほぼないでしょう。しかし、小規模プロジェクトではその限りではありません。誰に何を伝えるべきなのかを意識し、それに見合った粒度で報告内容の準備をしましょう。

■ 人前で報告するときの心得

社内SE 1年生のうちは大勢の前で報告する機会は少ないかもしれませんが、経験と実績を重ねるにつれ大勢の前での報告やプレゼンの機会は増えます。人前で話すのが得意な人ばかりではないと思いますので、いくつかアドバイスさせてもらいます。

▼内容第一とする

スラスラと淀みなく報告することが目的ではありません。目的は、報告によって適切に情報連携されることです。したがって、緊張してあまりうまく説明できなくとも目的は達成できます。伝え方も大事ですが、そもそもの内容はもっと大事です。上の立場の人間であれば緊張していることなどお見通しで、優しく聞いてくれるものです。

▼練習する

筆者の先輩で、ものすごくプレゼンの上手な方がいました。生まれつき話上手なのかと思っていたある日、会議室の前を通ると先輩が1人でプレゼンの練習をしている姿を見かけました。よくいわれる、プレゼンのうまさは才能よりも練習というのは本当だと思います。1人での練習もいいですが、もし周囲に壁打ちしてくれる人がいるなら練習に付き合ってもらうといっそう効果的です。

▼堂々と報告する

しっかり準備をしたら、もう迷っても怖気づいても仕方ありません。それ以上できる準備はないのですから、胸を借りるつもりで臨みましょう。報告の場で、自分では気がつけなかった観点を指摘されても恐れることはありません。その指摘はシステム品質を高め、あなたを成長させるもので、何1つネガティブな要素はありません。どんな指摘をもらえて気づかせてくれるのか、楽しむくらいの心持ちで臨みましょう。

受入テストを支援する

■ 受入テストの位置づけ

　リリース直前に実施される最後のテストが受入テストです。受入テストは、業務の観点で新しい運用がうまく回るのかを確認します。社内SEは、業務部門が実施する受入テストを支援します。システム品質を上げる、リリース前の最終チャンスです。

　業務部門がプロジェクトを実施したことがない場合、テストに関するトレーニングやシナリオ作りなどの支援が必要になることもあります。しかし、どれだけ社内SEが支援しようとも、受入テスト実施後に、このシステム品質で問題ないと太鼓判を押すのは業務部門でなければいけません。

■ 社内SEの支援内容

　受入テストで社内SEが支援する内容と、支援すべきではない内容について解説します。この区分けが曖昧だと責任範囲も曖昧になるので注意が必要です。

図9-14　**社内SEが支援する内容、支援しない内容**

項目	支援の有無	内容
システムテスト 結果共有	YES	システムテストの結果を共有。不具合改修の状況や制約について情報連携する。テストシナリオの共有も有効。
システム環境準備	YES	システムテストで改修されたアプリケーションが、受入テストを行う環境に配置されていることを確認。
マスタデータ準備	YES/NO	受入テストで利用するマスタデータの準備。どのシナリオで何のマスタデータが必要になるかの一覧は社内SEから提供可能も、実際にどんな値にするかは業務部門で準備する。

受入テスト シナリオ	NO	業務視点での受入テストのテストシナリオ。
基本操作 トレーニング	YES	新しいシステムの操作方法のトレーニング。
業務運用 トレーニング	NO	新しいプロセスで業務を行うためのトレーニング。業務運用トレーニングが受入テスト前に行われていないとテスト遅延のリスクになる。
テスト実施体制と 環境	NO	受入テストを行うのに必要となるリソースの巻き込みや物理的なテスト場所の設定など。
管理方法	共同実施	業務部門で検知した課題や不具合を迅速に吸い上げ、検討と改修を実施するルールとプロセスの構築。
SIer 問い合わせ 体制構築	YES	不具合発見時すぐに調査に取りかかってもらうための SIer の体制やシフト。コーディングをした SE に連絡が取れるように SIer 内で調整してもらう、など。

■ 受入テストで見つかる課題

　システムテストをどれだけ完璧に実施したとしても、受入テストで課題は発見されます。社内SE 1年生は、ここで発見される課題の特性を理解しておくべきです。ここではあえて、"不具合"と書かずに"課題"としました。

　このフェーズでは、そもそも業務部門が要件定義で検討していたプロセスが甘く、結果的にシステム要件も適切ではなかったと気づくことが多々あります。業務部門は、このままの仕様で業務をスタートするのか。どうしても必要な部分のみリリースまでに改修するのか。業務部門が判断する必要があります。挙がってくる課題全てを、社内SEがすぐに検討しなければならないわけでは決してありません。

　ビジネスもテクノロジーも常に進化し、どこまでいっても完璧なシステムなど存在しません。プロジェクトは定められた期間で見込んだ目的に貢献するために行うもので、完璧なシステムを構築することが目的ではない、ということを常に意識するようにしましょう。

第9章の まとめ

システムテストは、SIer が構築したシステムを自社として受け入れるかどうかの関所となるテスト。システムテストから受入テストへとつなげる。

システムテストの最大の敵は時間。限られた時間を最大限に活用するために計画が重要になる。

システムの不具合は認識齟齬によって発生する。認識齟齬が起きやすいのが、人と人の間や自チームと他チームの間や自社と他社の間。

プロジェクトマネージャや上司のレビューを受けた開始・終了判定チェックリストを活用することで、自信を持ってシステムテストを進められる。

テストで発見した不具合は、システム品質を高めてくれるチャンスとポジティブにとらえる。

どんなに社内 SE が支援する割合が多くなろうと、受入テスト実施後に、このシステム品質で問題ないと太鼓判を押すのは業務部門。

プロジェクトは、定められた期間で見込んだ目的に貢献するために行うもので、完璧なシステムを構築することが目的ではないことを常に意識する。

社内SE基礎

システム構築

第1章
社内SEを取り巻く構造

第5章
プロジェクト起案

第2章
求められるスキル

第6章
プロジェクト立ち上げ

第3章
運用保守と
プロジェクト管理

第7章
要件定義

第4章
システム構築とは

第8章
基本設計と開発

第9章
システムテスト

第 10 章
移行

第 11 章
リリースと運用

Intro >>>

To-Beへの移り変わりを
設計、実行する

第10章で解決できる疑問

- 移行の種類と役割分担は？
- 移行は何をいつから準備すればいい？
- 移行リハーサルをうまく進める方法は？

□ 移行は軽んじられがち

移行は、既存業務・既存システムから新しい仕組みの運用にたどり着くための手段です。新ビジネスやサービスを立ち上げる場合を除き、既存業務やシステムから新しい仕組みへの移行が発生します。しかし、移行は以下のようにとらえられがちです。

・移行はIT部門の仕事であり、業務部門は関係ない
・移行検討は重要ではない
・リソース不足の場合、移行担当は省略できる
・要件定義遅延などの場合、移行検討時間を短縮できる
・それらの結果、移行作業の準備不足などは致し方ない

つまり、システム構築に比べて移行はないがしろにされがちです。しかし、移行という関門を突破できなければ新しい運用を開始することはできません。

□ 第10章の内容

社内SEは、システム移行だけ実施すればいいわけではありません。移行は、

システム（アプリケーション）、データ、業務、運用保守の4つについて考慮する必要があります。

　業務移行は、To-Be業務フロー実施までどのように移管するのか過渡期を設計します。システム移行は、どうアプリケーションを本番環境に適用していくかです。データ移行の観点も忘れてはいけません。器だけ新システムに置き換わっても、中身のデータが空ではシステムは動きません。運用を、どう既存の運用保守に引き継いでいくのかも重要です。システムは運用期間で狙った効果の刈り取りをしますから、運用保守をスムーズに立ち上げられるほど効果を計画どおりに刈り取れます。

　システムだけ移行しても、プロジェクトを成功に導くことはできません。どんなに優れたシステムでも、必要なデータがない、ユーザーが新しいシステムの使い方に習熟していない、問い合わせを受ける窓口が存在しないでは、うまく稼働することなどできません。移行の観点を理解した上で推進していく必要があります。

図10-1 **第10章の内容**

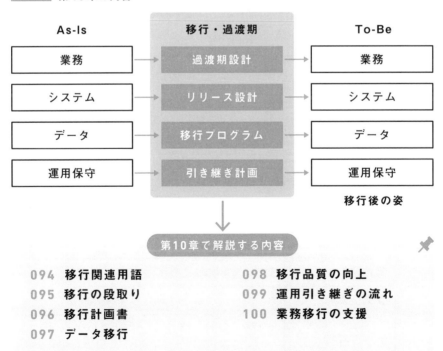

094　移行関連用語
095　移行の段取り
096　移行計画書
097　データ移行

098　移行品質の向上
099　運用引き継ぎの流れ
100　業務移行の支援

移行関連用語を押さえる

■ 関連する用語

初めに移行に関連する用語を解説します。図10-2は、複数拠点A、Bが存在する企業で段階的に移行を実施していく例です。図10-2、図10-4内の用語を図10-3にまとめています。

図10-2 複数拠点で段階的に移行

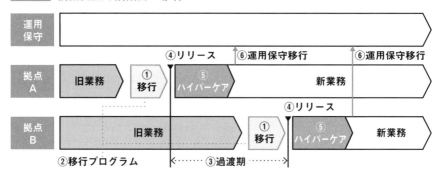

図10-3 移行関連用語

No	用語	内容
①	移行	古い仕組みから新しい仕組みに移動させること。システム構築プロジェクトでは、業務、システム、データ、運用保守の4つの移行が必要になる。
—	業務移行	旧業務から新業務へシフトさせること。
—	システム移行	アプリケーションを旧から新に切り替えること。
—	データ移行	旧システムから新システムにデータを移管すること。旧システムに新システムで必要なデータが存在しない場合、データの作成を含む。

②	移行プログラム	旧システムから新システムにデータを移行するために利用される仕組みやツール。
③	過渡期	古い仕組みと新しい仕組みが入り混じっている期間。新旧のシステムが入り混じる状態でも、業務とシステムは正常に稼働させる必要がある。
④	リリース	構築したサービスを公開すること。「カットオーバー」「ローンチ」「サービスイン」と呼ぶこともある。
―	切り戻し	リリース後、何らかの事情により以前の状態に戻すこと。
⑤	ハイパーケア	リリース直後の障害や問い合わせに対応する特別支援。ハイパーケア用の体制（臨戦態勢）を構築し支援する。
⑥	運用保守移行	ハイパーケア後、運用保守チームに運用を引き継ぐこと。
⑦	段階移行	複数拠点が存在する場合に拠点順にリリースしたり、機能やモジュール別にリリースして移行する方法。
⑧	一括移行	拠点順や機能別などを問わず一気に新システムに移行する方法。
⑨	並行移行	既存システムと並行して新システムを稼働させ、安定稼働確認後に切り替える方法。
―	移行計画書	移行に関する全体計画を記載する文書。
―	本番移行手順書	移行計画に基づき SIer が作成する移行のための手順書。
―	移行リハーサル手順書	本番移行手順を元に作成されるリハーサル用の手順書。

図10-4　段階移行、一括移行、並行移行

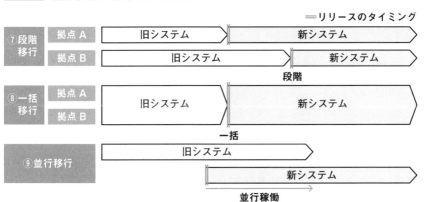

移行の段取りをする

▨ 移行の準備

移行は、PDCAサイクル（Plan・Do・Check・Action）を回して本番移行を目指します。ステップは、移行計画の情報収集→移行計画の作成→移行準備→移行リハーサル実施→移行リハーサル評価→ツール・手順の改善です。移行品質を担保後に本番移行に移ります。

図10-5 **移行のPDCAサイクル**

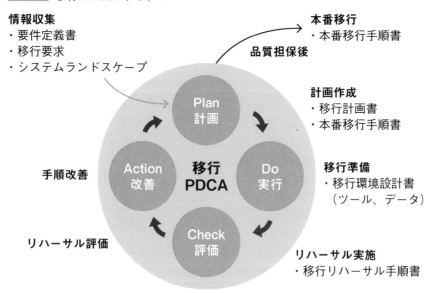

情報収集
・要件定義書
・移行要求
・システムランドスケープ

品質担保後

本番移行
・本番移行手順書

計画作成
・移行計画書
・本番移行手順書

移行準備
・移行環境設計書
（ツール、データ）

リハーサル実施
・移行リハーサル手順書

手順改善

リハーサル評価

▼情報を収集する

移行計画の出発点は、To-Be業務フローで描く業務とシステムの姿です。To-Be業務フローから逆算し、システム、データ、業務の移行のための情報を集めます。

▼移行計画書を作成する

収集した情報を元に移行計画書を作成します。移行の要求は多くの場合、大は小を兼ねるで肥大化しています。Nice to haveなのかmustなのか、本当に必要な要求を見極めなければいけません。

▼本番移行手順書を作成する

移行リハーサルの目的は、本番に近い形でプロセス、ツールを検証し、本番移行の品質を担保することです。先に移行リハーサル手順書を作成し、それに基づき本番移行手順書を作成してはいけません。これは順序が逆で、これでは本番移行のためのリハーサルを実施することができません。

▼移行準備を行う

本番移行に向けデータ、ツールなど必要となる準備をします。移行ツールの品質はリリースに大きく影響するものですが、移行のためだけに作られるツールは、意外とシステムテストで検証が忘れられている場合があります。

移行ツールの品質を担保できなければ移行されるデータの品質も担保できず、悪くすると移行データで新システムが稼働しない事態もあり得ます。システムテスト内で移行ツールの動作検証をするシナリオが必要です。

▼移行リハーサル手順書を作成する

移行リハーサル手順書は、本番移行手順書を元に作成します。作成時には、検証環境と本番環境の差異を理解し、本番でしか確認できない点を除いたり、検証環境のみ発生する手順を追加したりします。移行リハーサルで環境制約などによりどうしても検証できなかった手順に関しては、本番移行時に十分な検証の時間を取るなどの工夫が必要です。

▼評価し改善する

確信を持って本番移行を推進するには、移行リハーサル実施後の評価と改善が必須です。もし一度のリハーサルで品質を担保できなければ、二度、三度追加でリハーサルを実施し、移行品質の向上を図る必要があります。また、うまく移行リハーサルで実施できなかった手順や、不備が多かった移行プログラムだけ切り出して品質を上げる工夫も有効です。

移行計画書を作成する

移行計画書の目次例

　図10-6は、移行計画書に記載する項目の例です。移行計画書は、社内SEが実施するスコープとしないスコープを明確にすることが重要です。社内SEが実施する部分はもちろん、業務部門やSIerなどに期待する部分まで意識して記述することで認識齟齬を減らせます。

図10-6　移行計画書の記載項目

項目	内容
目的	この移行計画書が、「業務」「システム」「データ」「運用保守」のいずれの移行計画を記述するものなのかを明確にした上で、移行で達成したい目的を記載する。
前提事項	移行に関するハイレベルな前提事項を記載する。例えば、この移行計画書ではシステム移行のみを記載し、業務移行に関しては業務部門が作成することや、この移行計画書では移行データの検証は割愛し、その点はシステムテストに委ねるなどの前提を記載する。前提事項は非常に重要なため関係者間で合意しておく必要がある。
移行対象	アプリケーションとデータの観点から、旧システムから新システムに移行する対象を記載する。データ移行では、データ項目だけでなく、どこまで過去のデータを移行するか検討が必要。小規模プロジェクトの場合、データ移行せずに全て新システムに手入力することも選択肢になる。移行の必要性と必然性を確認し、移行対象を絞る。
移行全体方針	段階移行、一括移行、並行移行いずれの方法で移行するかを記載する。複数拠点が対象の場合、どのような順番でリリースするか関係者と認識を合わせ、文書化する必要がある。
業務移行方針	ITの移行計画書と業務の移行計画書を分ける場合でも、業務移行の前提となることを記載し認識齟齬を防止する。

システム移行方針	アプリケーションやシステム環境をどのように新システムに移行していくのかについて記載する。また、既存システムの償却はよく論点になる。プロジェクトで方向性を出すのか、それとも運用保守チームに委ねるのか検討し、方針を記載する。
データ移行方針	データ移行の手段、移行するデータの種類、ボリューム、期間などについて記載する。また、移行しないデータに関してケアするのかしないのかも記載することがお勧め。例えば、過去 5 年分までのデータが新システムへの移行対象で、それ以前のデータは移行対象外、既存システムは新システムのリリース後半年で廃棄する想定のため、必要な情報は業務部門で整理・保管を行う、など。
体制・役割	社内 SE が実施する部分だけにフォーカスせず、実施しない部分（他者に期待する部分）も記載する。特にデータ移行に関しては、IT 部門で実施するタスクと業務部門で実施するタスクの境界線が曖昧になりがちなため認識合わせが必要。
移行スケジュール	移行完了までの全体スケジュールを記載する。スケジュール検討時には、システムテストとの兼ね合いを考慮する。システムテストで移行データを含めてテストを実施する予定であれば、移行リハーサルはシステムテスト以前に行う必要がある。もし移行リハーサルとシステムテストを連動させない場合は、どのように移行データの品質を担保するのか検討が必要。
移行環境	移行環境をどのように設計するか記載する。トレーニングやテストへの影響も事前に明確化する。例えば、移行環境をテストやトレーニングと同様の環境とする場合、移行リハーサル期間中にトレーニングできない期間があるため調整が必要になる、など。
運用保守移行方針	どのタイミングで誰から誰に運用保守を引き継ぐかを記載する。特に、開発を担当した SIer と既存運用保守を担当していた SIer が異なる場合、引き継ぎ方針を固めてハイレベルな役割分担に合意できていないと、認識齟齬によりコストとなって跳ね返ってくることがある。

RULE **097**

データ移行を行う

■ データ移行の役割分担

データ移行の目的は、データを美しく移行することではありません。新業務に必要となるデータを準備し、移行し、運用開始できる状態を作り上げることです。社内SE、業務部門、SIerなど複数で協力して進めます。複数の関係者が関与しますから、認識齟齬防止のために関係者間で役割分担について合意することが必須です。

図10-7 **データ移行の役割分担**

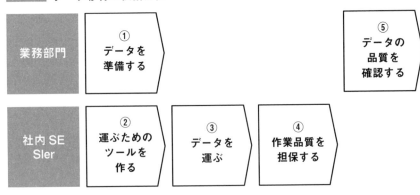

図10-7の①と⑤は、社内SEは担保しません。システム的にどうやってデータを旧システムから新システムに運ぶかということと、その作業品質の担保が社内SEやSIerの責任範囲になります。

データを新システムに運ぶ際には、図10-8の選択肢の組み合わせを頭に入れる必要があります。全てを社内SEやSIerで解決する必要はありません。また、データソースが存在しない場合は、新システム稼働に向けて誰がどのようにデータを作成するのか検討を行います。

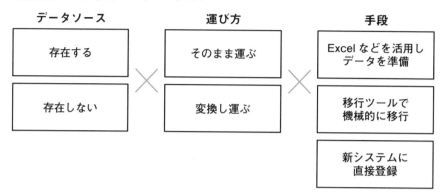

図10-8 データ移行のバリエーション

データソース	運び方	手段
存在する	そのまま運ぶ	Excelなどを活用しデータを準備
存在しない	変換し運ぶ	移行ツールで機械的に移行
		新システムに直接登録

移行リスクの下げ方

データ移行を成功させるためにツールの品質や手順にこだわることはもちろん大事ですが、あわせて移行対象を絞る努力も必要です。データ移行のリスクは、図10-9の移行対象と移行準備品質の4象限で成り立っています。

移行対象（データ種類、ボリューム、対象拠点など）が多く、移行準備品質が低い場合、リスクは最大です。対象が多い時点で移行準備に工数がかかり、準備品質を上げることが難しくなります。移行準備品質を上げるためにも移行対象を絞ることが必要です。

全てのデータを新システムに運ぶことがデータ移行ではありません。データ移行要求は大抵の場合、肥大化します。目的に立ち返ってデータ移行を推進しましょう。

図10-9 データ移行のリスク

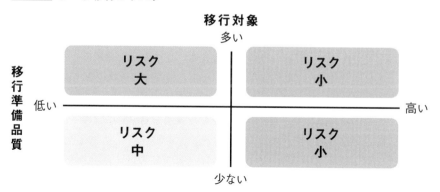

リハーサルで
移行品質を上げる

移行リハーサルのとらえ方

　移行品質を上げる最大の方法は練習（リハーサル）です。本番前に練習すれば
するほどうまくできるのは移行も同じで、移行リハーサルの品質を上げること＝
本番移行の品質を上げることです。

　移行リハーサルは、いかに本番ライクで実施できるかに尽きます。これは、移
行手順、データ、移行ツールなどに限った話ではなく気持ちの面も含みます。ス
ポーツの世界には、練習は本番と思ってやり、本番は練習と思ってやる、という
言葉がありますが、移行も変わりません。

　本番同様の緊張感を持ち、集中することで高い品質のリハーサルを実施できま
す。社内SE 1年生なら、初めての本番移行やリリースは緊張するはずです。移
行リハーサルも本番の一環ととらえて行うことで、本番移行でかかるストレスを
軽減できるはずです。

移行リハーサルのポイント

　移行リハーサルの品質を高めるポイントについて解説します。

▼検証と改善行動

　移行リハーサルでは、見つかった課題の対応が重要です。課題が見つかれば見
つかるほど実りある移行リハーサルといえます。見つかった課題をそのままにし
ておくことは絶対にNGです。移行リハーサルと検証プロセスをどう組み合わせ
るかも考えどころで、移行リハーサルのあとにシステムテストを企画する手もあ
ります。効果的な検証をすることで、発見した課題を効率的に改善アクションに
落とし込むことが可能です。

▼差分から派生するリスク

移行リハーサルは本番移行のためですが、全てが本番と同様とはなりません。例えば、本番環境では複数の他システムと連携するのに、移行リハーサルでは限定された他システムとの連携のみ可能といった具合です。

このような本番環境とリハーサルの差分を理解し、差分から派生するリスクを軽減することも重要になります。例えば、移行リハーサルで実施できなかったプロセスのみ別途検証を企画して品質を担保したり、本番環境でしか実施できない作業については十分な移行時間を考慮するなどの策を検討します。

▼不測の事態

どれだけ緻密に移行リハーサルを企画しても不測の事態は発生します。例えば、何らかのアクシデントで交通機関がストップして出社できない、担当者が不慮の病気に見舞われて作業ができない、本番環境にしかないマスタデータの影響で想定どおりツールが動かないなど、思いもよらない事態は起こるものです。

不測の事態の中身まで想定することは不可能ですが、不測の事態が起こることを想定しておくことはできます。それだけでも不測の事態に直面した際の冷静さが変わります。あとは気持ちの問題です。不測の事態が発生する可能性を頭に入れ、実際に不測の事態が発生しても、これが当たり前と気持ちを鎮めて対応することが必要です。

図10-10 リハーサルから本番移行へ

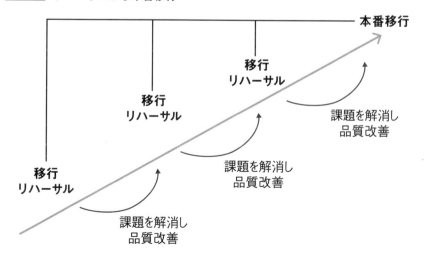

運用引き継ぎの流れを押さえる

運用引き継ぎのパターン

ハイパーケアまでは、プロジェクトチームのメンバーにより問い合わせ対応や障害対応を行います。ハイパーケア後は、ある程度安定稼働となった段階で既存の運用保守チームへ引き継ぎを行います。プロジェクトメンバーから運用保守チームへの移行が必要になるということです。

運用引き継ぎにも、いくつかパターンがあります。どのパターンに該当するのかを理解し、コミュニケーションが必要となる担当者を特定します。

図10-11 運用引き継ぎのパターン

①既存の運用保守へ引き継ぐパターン（別々の SIer で開発と運用保守）

プロジェクト	開発チーム	システム構築	ハイパーケア
	SIer A		
既存保守	運用チーム	運用引き継ぎ	運用保守
	SIer B		

②自社の運用保守へ引き継ぐパターン

プロジェクト	開発チーム	システム構築	ハイパーケア
	SIer		
既存保守	運用チーム	運用引き継ぎ	運用保守

③既存の運用保守へ引き継ぐパターン（開発と同じ SIer で運用保守）

プロジェクト	開発チーム	システム構築	ハイパーケア
	SIer A		
既存保守	運用チーム	運用引き継ぎ（必要な場合）	運用保守
	SIer A		

④開発チームがそのまま運用保守をするパターン

| プロジェクト | 開発チーム | システム構築 | ハイパーケア | 運用保守 |
| | SIer A | | | |

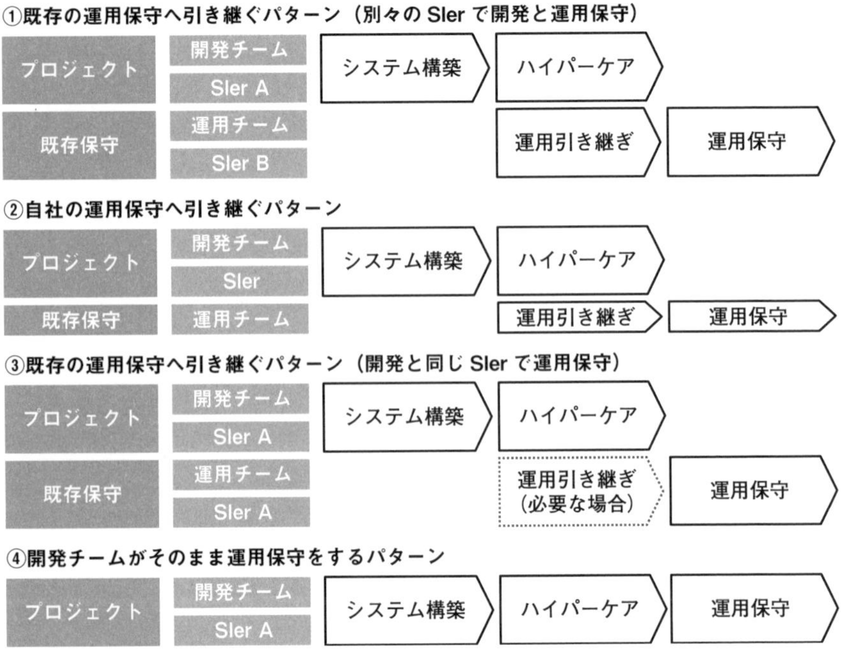

　プロジェクト開始時点で、システム構築後にどのチームに運用保守を引き継ぐのか合意が必須です。運用引き継ぎに関する費用も事前に見積もられている必要があります。

　図10-11の①のようにシステム構築SIerと運用保守SIerが異なる場合、システム構築SIerからナレッジトランスファーをする工数や、移行に伴い既存の運用保守SIerで増加する工数も適切に予算化されている必要があります。④のように開発チームがそのまま運用保守を担当するケースもあります。プロジェクト開始前に方向性が定まっていないと運用保守移行に関連する予算を適切に見積もれないため注意しなければいけません。

▓ 運用引き継ぎの流れ

　①のパターンを例に、既存の運用保守チームに引き継ぐまでの流れを図10-12にまとめます。

図10-12　既存運用保守チームへの引き継ぎの流れ

流れ	内容
引き継ぎタスクの一覧化	新システムを維持管理するために必要な引き継ぎタスクをリスト化する。
引き継ぎ資料作成	リスト化された引き継ぎタスクの手順書を作成する。
引き継ぎ工数試算	引き継ぎタスクの一覧を元に引き継ぎ作業にかかる工数を試算する。
引き継ぎ計画作成	引き継ぎタスクの一覧と工数を元に引き継ぎのための計画を作成する。
引き継ぎ実施	以下は引き継ぎ実施のステップ。 ・**ドキュメントの読み込み** 　ドキュメントで運用業務内容を理解する。その上で実機でのトレーニングを行う。場合によっては理解度を測るテストも行う。 ・**シャドーイング** 　ハイパーケア中にプロジェクトチームが実施する運用業務を間近で見て運用業務を習得する。 ・**運用保守** 　引き継ぎ先が実際の運用業務を行う。プロジェクトチームはモニタリングし、アドバイスやサポートを行う。
引き継ぎ評価	引き継ぎを評価し、正式に受け渡しを行う。

業務移行を支援する

▨ 業務移行

　データやアプリケーションなどシステム観点での移行が成功したとしても、業務移行が成功しなければプロジェクトの成功はあり得ません。業務移行は、古い業務やサービスから新システムでの新業務やサービスに移行することです。

　例えば、社内の業務アプリケーションを構築するプロジェクトなら、新しいシステムで業務できるようにトレーニングを実施し、新しい業務プロセスの習熟が必要になります。外部のお客様が直接利用するシステムなら、お客様に新しいシステムやサービスを認知してもらい、使い方に慣れてもらう必要があります。システム観点での移行が成功したとしても、業務移行が成功しなければ、最悪の場合、古い仕組みへの切り戻しもあり得ます。

▨ 業務移行を他人事にしない

　「業務移行は業務部門の話だから、放っておいても大丈夫。とりあえずリリースまでこぎ着ければいい」などと考えるのは大間違いです。業務移行がうまくいかなければ、社内SEにも直接的な影響があります。

　事業会社の社内SEの本質的な使命は、ビジネスゴール達成の支援です。システム構築は、そのための1つの手段です。したがって、業務移行がうまく進められずプロジェクトが失敗に終わった場合、どんなに優れたシステムを作ったとしても、社内SEの貢献は不十分となってしまいます。

　業務移行がうまくいっていない場合でも、無理やりシステムリリースをしてしまう選択肢もなくはありません。しかし、それをやれば間違いなくリリース後に大量の問い合わせが発生し、社内SEが高負荷になることは避けられません。しかも、安定稼働と呼べる状況になるまで長期化し、その間は運用保守チームへの引き継ぎもできません。

■ 社内SEの関わり方

　社内SEは業務移行が推進されているかをチェックし、しかるべき支援を実施したり、アラートをプロジェクトに発信する必要があります。業務移行に関して押さえておきたい観点を図10-13にまとめます。

図 10-13　業務移行チェック項目

項目	内容
移行担当配置	担当者や役割分担が明確に定義されているかを確認する。業務移行の取りまとめ役がいない場合、チーム間でお見合いになる作業が発生しやすい。小規模プロジェクトであれば担当不在でも乗り切れるケースもあるが、大規模プロジェクトでは専任の移行推進者が必要になる。
過渡期の業務設計	業務移行では、要件定義で検討した As-Is から To-Be の中間に当たる過渡期の業務設計が必要になる。特に業務アプリケーションを複数拠点に段階的に導入する場合は、過渡期の業務設計が必須になる。
データ作業	旧システムに存在しないマスタデータを作成したり、旧システムから移行されるデータを新システムで利用できるフォーマットに変換したりする必要がある。業務部門のタスクにそれらの工数が含まれていない場合、作業の必要性を理解してもらい、スケジュールやリソースの調整をしてもらう。
トレーニング習熟度	トレーニングがやりっぱなしになっていないか確認する。習熟度の確認がないトレーニングでは効果が不透明になる。
業務移行ドキュメント	業務部門にドキュメント化の意識が欠如している場合は、移行計画書に、業務部門に作成を期待する成果物を含めて可視化することが1つの手になる。

第10章の まとめ

システム移行に成功しても、業務移行なしでは使われない仕組みが出来上がってしまう。

社内 SE は、システム移行だけにフォーカスすればいいわけではない。移行は、システム、データ、業務、運用保守の 4 つについて考慮する。

システムは運用期間で狙った効果の刈り取りを行う。運用保守がスムーズに立ち上がれば計画どおりに効果を刈り取れる。

データ移行は、社内 SE、業務部門、SIer など複数が関与する分、認識齟齬が発生しやすい。役割分担についての合意が必須。

データ移行の目的は、新業務に必要なデータを準備し、移行し、運用開始できる状態を作り上げること。

移行品質を上げる一番の方法は移行リハーサル。移行リハーサルの品質を上げることは、本番移行の品質を上げることに等しい。

ハイパーケアまでは、プロジェクトメンバーが問い合わせや障害対応に当たる。ハイパーケア後は、ある程度稼働が安定した段階で運用保守チームに引き継ぐ。

第 **11** 章

リリースと運用

社内SE基礎

第 1 章
社内SEを取り巻く概況

第 2 章
求められるスキル

第 3 章
運用保守と
プロジェクト管理

第 4 章
システム構築とは

システム構築

第 5 章
プロジェクト起案

第 6 章
プロジェクト立ち上げ

第 7 章
要件定義

第 8 章
基本設計と開発

第 9 章
システムテスト

第 10 章
移行

第 11 章
リリースと運用

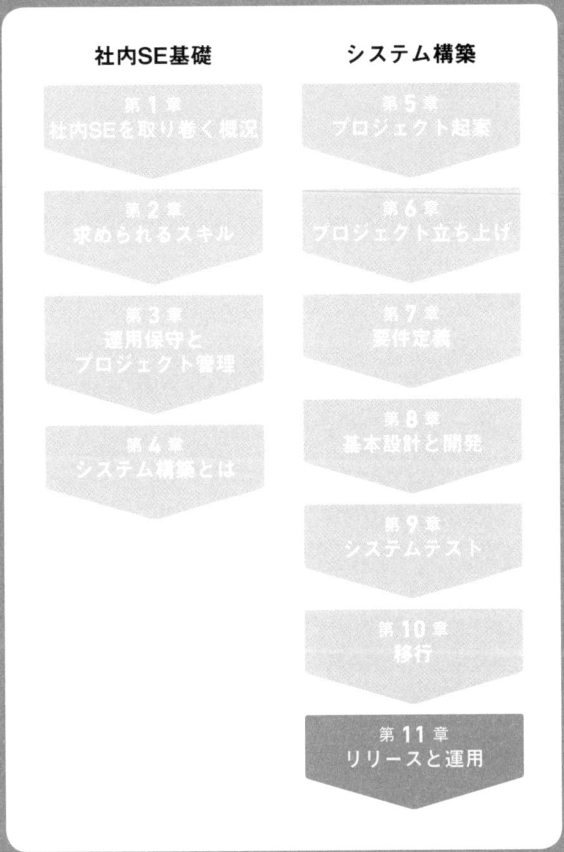

Intro »»»

システムリリースは新たなスタート

第11章で解決できる疑問

- システムリリースは何をすること？
- 失敗しないシステムリリースのコツは？
- システムリリースの不安を減らすには？

☐ 第11章の内容

ここまでを振り返ると、

・プロジェクト起案
・プロジェクト立ち上げ
・要件定義
・基本設計
・システムテスト
・受入テスト
・移行
・運用引き継ぎ

と、長い道のりでした。

　本書の最終章となる第11章で取り上げるシステムリリースは、システム開発プロジェクトの最後の工程です。もっとも、新業務や新サービスの開始という視点で考えると、システムリリースはスタートラインに立つ準備ができた状態といえます。あなたの構築したシステムが活用され、自社ビジネスに貢献する最初のス

テップです。

　実は、この考え方が重要です。システムは長い年月利用され、その中で改善されて、さらに利用されていきます。多少リリースに遅延があったとしても、それは長い運用を考えると、100キロマラソンを走る最初のスタートラインが想定より数メートル後ろにずれていた、程度のものです。

「終わりよければ全てよしの逆で、終わり悪ければ全てが水の泡になってしまうのではないか……」と、初めてのシステムリリースは何かと不安が付いて回ると思いますが、多少のトラブルに動じることなく、心の平静を保ってプロジェクトの最後の工程に臨みましょう。

図11-1　第11章の内容

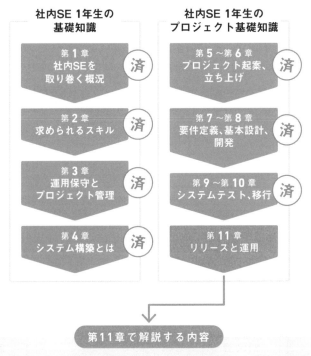

リリースから運用までの流れを押さえる

■ リリースから運用までの流れ

　システムリリースから実際の運用に入るまでの大きな流れは、リリース作業、ハイパーケア、それらと並行して行われる運用保守の引き継ぎ作業です。第11章では、SIerの支援を受けることを前提に、また運用保守は既存の運用保守チームが存在し、そのチームに引き継ぐことを前提にして解説していきます。

図11-2　リリースから運用までの流れ

■ 判断のポイント

　システムリリースや運用引き継ぎのために判断のポイントを設けます（企業に

よっては判断のポイントを判定会などと呼ぶ場合もあります）。リリースや運用引き継ぎに至る過程で設けたいポイントは主に以下の4つです。

①リリース判断

リリースに臨む前に、これまでのテスト、移行リハーサルが問題なく完了し、リリース作業を始める準備が整ったことを確認します。ここでGOサインをもらってから実際の作業を進めていきます。

②安定稼働判断

全てのリリース作業が完了し、動作確認完了後に、運用開始可能かを判断します。業務部門、IT部門ともにOKと判断した場合に本番運用を開始します。

③運用引き継ぎ判断

システムリリース後、しばらくはプロジェクトチームのメンバーで障害や問い合わせに対応します。ある程度安定稼働できていることが確認できたら、既存の運用保守チームに引き継ぎをします。この運用引き継ぎ判断は、オンサイトでハイパーケアを実施している場合は現地撤収判断として利用されたりもします。

運用引き継ぎはIT部門の話だけではなく、業務部門も既存運用保守チームへの引き継ぎが必要になりますので両方の話です。判断のタイミングは、IT部門と業務部門で必ずしも同じとは限りません。

④効果測定

図11-2では、効果測定は1カ所だけになっていますが、実際には狙った効果を出せているのか定期的に観測し、評価します。新システムも新業務もリリースして終わりではありません。当初の想定に対する実際の効果を測定し、差分から改善が必要なタネを洗い出します。

なお、図11-2 右下の運用保守、運用改善は、業務とシステムの運用が引き継がれたあと、よりコストを抑えた運用を達成するために、運用保守チームでプロセスやシステムを継続的に改善するものとして記載しています。④の効果測定は、当初のプロジェクトの狙いに対して行われます。そのため、④から伸びる線は運用保守、運用改善に触れないイメージで表現しています。

リリース判定を受ける

▨ リリース判断

　リリース作業に移る前に、十分に準備が整っているかを確認するためにリリース判断を行います。

　企業によってはリリース判定基準書、リリースチェックリスト、移行判定書などのリリース判定資料の作成や、判定会などへの参加が必要になる場合もあります。いずれのドキュメントも会議も目的は同じで、リリース準備が整ったことを、しかるべき役割の人や会議体が判断することです。

▨ リリース判定資料

　リリース判断は、新システムによる業務やサービスを開始する準備が整ったことを確認するわけですから、社内SEはITの視点だけで話をすればいいわけではありません。企業によってはIT部門内でのシステムリリース判定とプロジェクトの判断を分けて2段構えにしている場合もあるので、自社の判断プロセスの確認が必要です。

　図11-3に、リリース判定資料に含むべき項目の例をまとめます。

図11-3　リリース判定資料の項目例

項目	内容
承認希望内容	冒頭と末尾にリリース判断で承認してもらいたい内容を端的に記載する。判定者はいくつものプロジェクトの判断をしているので、何のプロジェクトのどの部分のリリース判断なのか明確にする。例えば、複数拠点が存在するリリースの場合なら、今回は第1拠点のみのリリース判断である点を明確化する、など。

プロジェクト概要	どんなビジネスゴールを狙っているのか、またその手段として業務構築とシステム構築をどう行ったのかを記載する。
これまでの流れ	プロジェクトの工程をどこまで消化したかを記載する。やるべき工程が全て完了し、その上でリリース判断に臨んでいることを伝える。未消化の作業が残っている場合は、対応期日や未消化でもリスクがない点を説明できるように準備する。
トレーニングの状況	新業務開始のためのトレーニングを問題なく消化し、運用開始の準備が整ったことを記載する。お客様や取引先への告知が必要な場合には、その進捗状況も記載する。
テスト結果	どのようなテストを実施したのかということと、シナリオ件数、発見した障害、残障害数をシンプルに記載する。全てのテストシナリオを詳細に説明する必要はない。報告が必要な点に絞り、伝えたいことが適切に伝わるよう調整する。
障害改修状況	発生障害数、解消障害数を記載する。全件改修できている場合は端的な傾向分析結果で補足。リリース判断時に未解消の障害がある場合は、その障害の概要、障害が持つビジネスインパクトと改修目途を記載する。
リリース体制、連絡方法	リリース体制や緊急時の連絡方法についても関係者と調整を済ませておく。
リリーススケジュール	リリースまでの流れと今後の状況報告のタイミングを記載する。リリース作業が長丁場になる場合は、定点での確認・報告ポイントを設け、進捗が関係者に見えるようにする工夫も必要。
リスク	リスクを理解した上でリリースに臨むのか、あるいは追加の対応を検討するのか判断を仰ぐ。リリース延期という判断も時として必要。潜在リスクを知っていたにもかかわらず表出しないまま承認され、リリースと同時にリスクが現実化するようなことは絶対に避ける。

　リリース判定資料の作成が必要になる場合は、過去に自社で承認された判定資料を活用することを強く推奨します。判定者は毎回同じであることが多く、過去の資料には判定者の知りたい観点がすでに反映されているからです。

ハイパーケアの準備をする

■ ハイパーケアの準備

リリース判断で承認されたら本番リリースに取りかかります。この時点では、今からできるテストやデータ確認などの技術的な準備はありません。したがってリリースが承認されたあとは、リリース後のハイパーケアに向けたアドミン系の準備とメンバーの精神的・肉体的準備が中心です。ハイパーケアの環境準備についてまとめます。

図11-4 ハイパーケアに向けた環境準備

準備	内容
ウォールーム	リリース後、検知したシステム障害にすぐに対応できるようにウォールーム（War Room／作戦室）を準備。企業によっては、関係者を１つの会議室に集めたり、Microsoft Teams などで SIer の会議室と常時つなぎ、迅速に情報連携できる体制を構築したりする。
管理ツール	障害や問い合わせを適切に管理できるように課題管理ツールを用意する。システムテストなどで利用したツールをそのまま使うことが多い。
体制	ハイパーケア中の体制を明確化する。リリース直前・直後はシフト表の活用も有効。
会議	ハイパーケア中に障害確認などをするための朝会や夕会を設定する。
連絡先	緊急事態に対応できる連絡手段と連絡先。

■ リリースを学びの場にする

初めてのシステムリリースは、やはり緊張しますしストレスも感じます。やるべき全ての準備が終わったのに、どこかしら不安でドキドキするものです。ここでは主に、リリースをどうとらえて乗り切るべきかメンタル面について解説します。

▼心を落ち着かせる

　もしシステムリリースがうまくいかなかったとしても、手順にそってしかるべき判断をし、切り戻しを実施するだけです。切り戻した場合、今までどおりの運用を少しの間延長するだけです。

　リリースが一度や二度失敗したからといって、SIerに追加で支払う金額以上に失うものはありません。むしろ、社内SE 1年生にとっては成長の糧となる貴重な経験を積めることになります。成功しても、失敗しても、あなたのためになるのです。

▼体力を回復させる

　リリースに向けて追い込みをかけ、精神的にも肉体的にも疲労がたまっているはずです。心を落ち着かせようとしてもザワザワするのは、肉体的に疲れていることが原因の場合もあります。肉体的に回復すると、自然と心が落ち着くことも多いものです。

▼リリース後の準備で手を動かす

　リリース後のための準備で手を動かすことも効果的です。リリースに向けてもうすることがない場合、その後の準備をすることで心にゆとりを持てます。ドキュメントの整理などは打ってつけです。

▼リリース後の時間を確保する

　リリース後の時間を確保しておくことも準備の1つです。社内SEには次から次へと仕事が舞い込んできますが、リリース後は障害や問い合わせ対応に集中するために、他の案件の会議などを入れないようにスケジュールをブロックしてしまうのがお勧めです。時間的余裕は心の余裕にもつながります。

▼学びの場にする

　緊迫した状況では人間の本質が出る、といわれます。張り詰めた状況で先輩やSIerがどう立ち回るのか、彼らの対応力を学べる最高の場です。緊迫した場面でも冷静かつ丁寧に対応するお手本を目にしたら学びの材料にしましょう。逆に理不尽な行動に出るような人がいれば、ストレスフルな場面で本質が出ているんだと寛大に受け止め、反面教師として成長につなげましょう。

ハイパーケアのポイントを押さえる

ハイパーケア

社内SE 1年生は、システムリリースについて2つのことを理解しておく必要があります。①どんなにトレーニングやテストを重ねていても、システムリリース後は大なり小なり障害や問い合わせなどのインシデントが発生すること、②それらインシデントに迅速に対応するためにハイパーケアの体制を取ること。

システムリリースで障害が発生しないのが当たり前であれば、そもそもハイパーケアなどないはずです。障害が発生するのが当たり前だからこそ、ハイパーケアという体制を構築するのです。

ハイパーケアのポイント

ハイパーケアを乗り切るためのポイントをいくつか解説します。

▼闘うべき相手を理解する

ハイパーケア中はピリピリします。いかなる原因で障害が見つかったとしても、チームメンバーと争ってはいけません。ハイパーケア中に闘うべき相手はインシデントであり、業務部門でもSIerでもありません。それらの関係者はあなたの味方です。

▼インシデントを早く、正確に収集する

最も避けなければいけない事態が、ユーザー部門で検知した障害などが社内SEまで伝わらず、対応が遅れて傷口が広がることです。インシデントが発生したときに迅速に情報を吸い上げるプロセスを構築する必要があります。インシデント管理ツールの使い方についてハイパーケア前に周知し、発生日時、影響範囲、ビジネスインパクト、重要度などの管理すべき観点と粒度を、業務部門やSIerと認識合わせします。

▼優先順位を明確にする

対応が必要なインシデントから処理するために、優先順位の定義と優先順位を適切に付与するプロセスが必要です。優先順位がなく、インシデントが発生した順に調査をしていたら、重大障害の着手までに時間を要し被害を拡大させる恐れがあります。

▼有識者とのコミュニケーションラインを確保する

ハイパーケアで臨戦態勢を取っているとはいえ、全ての有識者に常時待機してもらうことなどできません。有識者と確実につながる連絡体制の構築が必要です。

▼SIerの窓口を一本化する

社内SEがSIerの各インシデント担当者に、バラバラにインシデントの状況を聞くようなことは避けなければいけません。SIer側でインシデントの報告を受けたり確認する窓口を一本化し、情報一元化の状態を作ります。

▼感情をぶつけ合わない

いくらトレーニングを実施したとはいえ、業務の変化によりユーザーにもストレスがかかっています。特に、今まで慣れ親しんだ働き方が変わった初日は相当なストレスです。さらにシステムがうまく動かないとなったら、そのイライラの大きさは容易に想像できます。

こういった誰もがストレスがたまりやすいシステムリリース初日に、万が一、感情的にインシデントを上げてくるユーザーがいたとしても、社内SEは冷静に対応する必要があります。以下は社内SEが頭をクールダウンするための自分への質問例です。

・この障害の自社ビジネスへのインパクトはどれくらいか？
・一部の機能で発生しているのか？　全体で発生しているのか？
・暫定運用でいったん回避可能か？
・しかるべき部署やチームへエスカレーションできているか？

システムの切り戻しに備える

■ 切り戻し

　システムリリースは、あくまでも新しい業務やサービスのスタートラインです。リリース期間中に、万が一、業務部門やお客様に深刻な影響を及ぼす障害が発見された場合、切り戻しを選択するべきです。

　切り戻しは、失敗ではありません。失敗は、起案されてもプロジェクト化されずアイデアのまま放置されていることです。プロジェクトを推進してリリースまでこぎ着けている時点で大きな前進です。

　切り戻したとしても、課題や障害を修正し、再度リリースできるように準備すれば予定している効果の刈り取りは可能です。これまで準備してきたことが全て無駄になるなんてことはありません。

　切り戻しの判断をする場合には、発見された障害がビジネスにどれくらいのインパクトをもたらすかが重要な観点になります。例えば、見つかった障害が不特定多数のお客様に迷惑をかけるものであれば切り戻しをすべきです。一方、システム的には重大な障害でも、その機能が月末まで利用されず改修の猶予があるため切り戻さない判断もできます。切り戻しはビジネスインパクトを考慮し、プロジェクト責任者と協議して判断を下します。

■ 切り戻しの計画・実行のポイント

　驚くべきことに、中には切り戻しのリハーサルを実施しないプロジェクトもあります。移行リハーサルで投入したデータを利用しシステムテストをするケースが多く、切り戻してしまうと余計な工数が発生するので切り戻しのリハーサルをしたくない気持ちはわかります。しかし、備えあれば憂いなし。備えなければできないのは切り戻しも同じです。リハーサルのスコープに切り戻しを含める必要があります。

　切り戻しについて、その他のポイントをまとめます。

▼切り戻しの判断ポイントを明確にする

　切り戻しは、切り戻し自体に時間がかかる場合があります。そのため、いつまでに切り戻しを判断すれば余裕を持って旧システムで業務することができるのか、リハーサルを通じて切り戻しに必要な時間を算出し、その時間を切り戻しの判断ポイントに加味します。

▼判断する責任者を間違わない

　切り戻しはIT側が判断する、というのはよくある勘違いです。切り戻しの判断はプロジェクト責任者が行います。発生している課題の内容からビジネスにどのような影響があるかを見て、切り戻しのリスクを取るのか取らないのか決断する必要があるからです。

　例えば、リリース作業中に一部の地域で新機能によるサービスを提供できないインシデントを発見したとします。ビジネス視点でその地域が重要な戦略エリアであった場合、切り戻しを判断します。一方、同じケースでもその地域がビジネス戦略上優先度の低いエリアでインパクトが薄いと判断した場合、そのままリリースに踏み切ることもあります。

▼情報発信する

　切り戻し計画を準備していたとしても、ほとんどの人には寝耳に水です。準備していても本当に実行されるとは考えないからです。そのため切り戻しが実施された場合、混乱します。そして混乱の中で忘れられやすいのが切り戻しの情報連携です。切り戻し後、旧システムやプロセスを実行する旨を抜け漏れなく業務部門に連携し、二次的な被害を防ぐ必要があります。

▼仕切りなおす

　切り戻しになったとしても沈んでいる時間はありません。気持ちを切り替えて、すぐに仕切りなおす必要があります。切り戻しの原因になった事象になぜなぜ分析を行い、課題の原因を究明し、再リリースに向けて動き出さなければいけません。

運用引き継ぎを行う

▪ 運用引き継ぎ

　リリース後、ひとしきり障害が表に出て、システムも業務も安定してきたときを目安に、プロジェクトメンバーで行っていたハイパーケアを終了し、運用保守チームに引き継ぎを行います。引き継ぎは図11-5の観点をチェックし、運用保守チームに引き継いでも問題がないことを確認の上で行います。

図11-5 運用引き継ぎチェック項目

項目	内容
インシデントの状況	システムが安定稼働し、インシデント数が減少傾向であることを見定めた上で引き継ぎを行う。システムが安定稼働しておらず、インシデントも増加傾向のまま引き継いだ場合、開発メンバーなどの支援が必要になり余計なコミュニケーションが生じ、結局、対応スピードも落ちるはめになる。
残障害の状況	インシデントとともに残障害の件数も引き継ぎの重要な指標。インシデントが減少傾向にあったとしても、残障害の解消が進んでいない場合、開発メンバーによる対応が必要になる。
引き継ぎ先のリソース	引き継ぎ先でリソースが確保され、運用に対応できる状態になっているかどうかを確認する。一方的な押し付けにならないよう事前に引き継ぎ先との調整が必要。
引き継ぎ先のトレーニング	引き継ぎ先が運用をこなせる程度のトレーニングが完了し、準備が整っているかどうかを確認する。
関係者への周知	運用引き継ぎを行ったあとは問い合わせのフローが変更になる。これまでの暫定的なインシデント対応プロセスから恒久的なプロセスに変更になる点を周知する。
その他の準備	運用引き継ぎに伴ってインシデント管理ツールのアクセス権や設定、ドキュメントのアクセス権などの変更が必要になる。

予算	必要に応じて、プロジェクトで想定している運用保守費用を引き継ぎ先の部署に移動する手続きを取る。自社のルールを確認する。

引き継ぎの注意点

運用を引き継ぐ側、引き継がれる側両方の視点で、引き継ぎ時によくあるトラブルなどの注意点を解説します。

▼引き継ぎドキュメントの内容が不十分

プロジェクトメンバーが作成する引き継ぎドキュメントは、大抵そのままでは使える情報量になっていません。プロジェクトメンバーは長い間プロジェクトに携わっていますから、自分たちにとっての"当たり前"が数えきれないくらいあり、知っていて当たり前の前提事項が記載されていないことがよくあります。引き継ぎドキュメントは、引き継ぐ側の視点で確認し、十分に運用引き継ぎができる情報量を確保する必要があります。

▼開発と運用でコミュニケーションがない

開発チームと運用チームは連携して引き継ぎ準備をするべきですが、実際はどちらからもコミュニケーションを取ろうとしないことがよくあります。引き継ぎ間際になって大慌てでドキュメント作成と引き継ぎ準備、とならないためにも、意識して定期的な情報交換を行う必要があります。システムは作っただけではビジネスに貢献できません。長期的に使われて初めて効果を発揮します。開発と運用のスムーズな連携が必須です。

▼時間で区切ってしまう

ハイパーケアは、2週間など時間を区切って実施します。よくあるトラブルは、引き継ぎ作業が完了していないのに、ハイパーケア期間が終了したということで無理やり引き継ぎをしてしまうケースです。引き継ぎの時間的目安の設定は大事ですが、想定していた引き継ぎ作業が実施されたことをチェックし、それに基づいて引き継ぎの可否を判断することのほうがもっと大事です。

プロジェクトの振り返りを行う

▨ プロジェクトの振り返り

プロジェクト完了時の振り返りは、プロジェクト全体で行うものと、個人として行うものの2つがあります。

▼プロジェクト全体の振り返り

解決を目論んだ課題をプロジェクトで解決できたのかを検証します。これは非常に重要なタスクです。業務やサービスは継続的に実施され、費用対効果がある限り改善が行われ続けます。継続した改善のために、現状ではどこまで到達できたのかを知る必要があります。

プロジェクトの振り返りはプロジェクトマネージャなどがレポートにまとめ、配信する場合もあります。社内SE 1年生が直接関与するケースは少ないはずです。しかし、社内SE 1年生もレポートを見る前に、自身でプロジェクトの分析と反省を行うことを強くお勧めします。こうすることで、あなたの視点・評価と、プロジェクトマネージャや先輩の視点・評価を比較できるからです。

視点や評価の差は、さらに高い見地で物事を見たり考えたりすることの示唆になります。コンセプチュアルスキルの多面的視野（42ページ）の1つを持つことができるわけです。

▼個人としての振り返り

個人としての振り返りは、任された役割を期待どおりに遂行できたかの振り返りです。課題やうまくいかなかったことを発見し、次のプロジェクトで改善できるようにアクションプランに落とし込みます。また、プロジェクトマネージャ、上司、業務部門のカウンターパートナーなどと面談を持つことは、他者の視点を借りて自身の貢献や課題を認識することができて有効です。

■ 振り返りの観点

　振り返りの際に、図11-6の観点を参考にしてください。あなたが関与した観点は個人の振り返り、そうでない観点はプロジェクトの振り返りとなります。全ての観点の振り返りができればベストですが、その中でも特に社内SE 1年生に振り返ってもらいたい観点に下線を引いています。

図11-6　プロジェクト振り返りの観点

| プロジェクト施策観点 | ・戦略　　　　　・企画の狙い
・費用対効果　　・ビジネス貢献 |

プロジェクト施策観点
・戦略　・企画の狙い
・費用対効果　・ビジネス貢献

プロジェクト管理観点
・リソース管理　・進捗管理
・予算管理　・スコープ管理
・リスク管理　・期待値管理
・ベンダー管理

IT観点
・SIer選定　・ソリューション選定
・開発手法　・チーム編成
・開発管理　・成果物管理
・システム要件の整理

業務観点
・業務設計　・関係者の巻き込み
・トレーニング　・業務要件の整理

　57ページで解説したように、振り返りは成長の加速に有効です。大半の人は頑張ってプロジェクトに取り組みますが、頑張って振り返りをする人はほとんどいません。早く成長したい、実力を高めたい人はぜひ振り返りをしてください。

第 11 章 の まとめ

システムリリースはプロジェクトの最後の工程だが、新業務や新サービスの視点で考えればスタートラインに立った状態。

システムリリース後は大なり小なりインシデントが発生するのが当たり前。そのためにハイパーケアの体制を構築している。必要以上にナーバスにならないこと。

ハイパーケア中の障害すら品質を上げるチャンスととらえる。業務部門や SIer と闘わず、障害と闘う。

切り戻しは失敗ではない。リリースの延期と考え、仕切りなおして再度挑む。

システムリリース後、安定稼働までハイパーケアを行い、ひとしきり障害が出切ってから運用保守チームに引き継ぎを行う。

プロジェクト完了時の振り返りは、プロジェクト全体と個人の2つがある。どちらも行うことで成長が加速する。

社内 SE 1 年生にお勧めしたい振り返りの観点は、「戦略」「企画の狙い」「費用対効果」「ビジネス貢献」「進捗管理」「システム要件の整理」「業務設計」「業務要件の整理」。

索　引

アルファベット

As-Is 業務フロー··········104，158，164，
　　　　　　　　　　　　169，172
BPR··········88，107
CIO··········27，128
ERP··········22，49，191
Fit to Standard··········168，214
Fit & Gap··········214，234
IT 資格··········50
IT 戦略··········27，106，108，117
IT ソリューション··········33，106，108
IT 投資··········26，32
IT リテラシー··········112
IT ロードマップ··········106，108
MECE··········71
MSA··········122，140
NDA··········122，132，140
PoC··········138
RASCI··········127，130
RFI/RFP··········124，126
SES··········30，94
SIer SE··········30，154，159
SOW··········122，141
To-Be 業務フロー··········104，123，158，
　　　　　　　　　　　　164，168，172，
　　　　　　　　　　　　254
WBS··········70，162

あ行

アゲインスト··········148，217
アジャイル開発··········96
新しい IT 投資··········26
アドオン··········158
移行··········161，176，241，
　　　　　　250，252，254，
　　　　　　256，258，260，
　　　　　　264
移行計画書··········253，255，256
移行リハーサル··········254，260，278
移行リハーサル手順書··········253，255
インシデント··········63，65，276，280
インターフェース要件··········171，192
ウォーターフォール開発··········96，208
受入テスト··········161，209，222，
　　　　　　　　　246
請負契約··········75，141
運用保守移行··········253，257

運用引き継ぎ··········262，270，280
運用保守··········30，62，64，124，
　　　　　　162，183，251，
　　　　　　262，270，280
エビデンス··········227，238
エンハンス開発··········92，121，124

か行

開始・終了判定
チェックリスト··········226，232
開発環境··········218
外発的動機··········40，46
カスタムデモ··········134，137
課題管理··········67，76
画面遷移··········187
画面要件··········171，186
企画書··········102，111
企業戦略··········33，44，103
キックオフ会議··········47，166
機能要件··········162，170，172，
　　　　　　177，182，218，
　　　　　　224
基本設計··········97，160，170，206
基本設計書··········207
基本操作トレーニング··········212，247
業務移行··········161，251，252，
　　　　　　256，264
業務運用トレーニング··········212，247
業務改善··········66，88，92，169
業務コンサルタント··········94，157，179
業務ユーザー··········63，104，213
業務要件··········152，162，170
切り戻し··········161，253，275，
　　　　　　278
クリティカルシンキング··········42，52，243
経費··········75
契約書··········141
結合テスト··········208，210，225
検証環境··········218，237，255
現新比較テスト··········225，234
顧客視点··········54
個別最適··········108，184
コミュニケーション管理··········67，78
コンセプチュアルスキル··········42，52，243，282

さ行

サービスデスク··········62

サイロ化‥‥‥‥‥‥‥‥‥‥108
システム移行‥‥‥‥‥‥251, 252, 256
システム間連携テスト‥‥‥225, 230
システムテスト‥‥‥‥‥‥161, 209, 222,
224, 226, 228,
232, 236, 244,
255, 260, 278
システムテスト計画書‥‥‥228
システム要求‥‥‥‥‥‥‥103, 106, 158
システム要件‥‥‥‥‥‥‥152, 157, 158,
162, 169, 170,
181, 247
システムランドスケープ‥‥106, 162, 184
システムリリース‥‥‥‥‥54, 218, 264,
270, 274, 276
準委任契約‥‥‥‥‥‥‥‥75, 141, 164
ジョブ型雇用‥‥‥‥‥‥‥34
進捗管理‥‥‥‥‥‥‥‥‥67, 68, 70, 73,
202
水平思考‥‥‥‥‥‥‥‥‥42, 243
スクラッチ開発‥‥‥‥‥‥92, 158, 172,
187, 210
成果物‥‥‥‥‥‥‥‥‥‥67, 69, 75, 80,
96, 102, 104,
122, 162, 164,
195, 206, 226,
236
成果物管理‥‥‥‥‥‥‥‥67, 80
性能テスト‥‥‥‥‥‥‥‥225, 236
組織図‥‥‥‥‥‥‥‥‥‥27, 76, 147

た行

第 4 次産業革命‥‥‥‥‥22
体制図‥‥‥‥‥‥‥‥‥‥78, 144, 167,
196, 217
多面的視野‥‥‥‥‥‥‥‥42, 47, 52, 282
単体テスト‥‥‥‥‥‥‥‥161, 208, 210
チェンジマネジメント‥‥‥214
抽象化思考‥‥‥‥‥‥‥‥47, 52, 57
超概算見積もり‥‥‥‥‥‥114
帳票要件‥‥‥‥‥‥‥‥‥171, 186
帳票レイアウト‥‥‥‥‥‥171, 188
定例会‥‥‥‥‥‥‥‥‥‥79, 111
データ移行‥‥‥‥‥‥‥‥161, 252, 256,
258
データフロー‥‥‥‥‥‥‥191
データ要件‥‥‥‥‥‥‥‥171, 173, 190
テーラーメイドデモ‥‥‥‥134
テクニカルスキル‥‥‥‥‥42, 48
デジタル化‥‥‥‥‥‥‥‥23, 88, 92
テスト密度‥‥‥‥‥‥‥‥210
伝統的な IT 投資‥‥‥‥‥26

トランザクションデータ‥190, 235
トレーニング環境‥‥‥‥‥213, 218

な行・は行

内発的動機‥‥‥‥‥‥‥‥40, 46
ハイパーケア‥‥‥‥‥‥‥253, 262, 274,
276, 281
バグ密度‥‥‥‥‥‥‥‥‥210
パッケージ導入‥‥‥‥‥‥92, 127, 162,
168, 184
パッケージベンダー‥‥‥‥113, 129
バッチ要件‥‥‥‥‥‥‥‥171, 173
反対勢力‥‥‥‥‥‥‥‥‥216
非機能要件‥‥‥‥‥‥‥‥162, 170, 176,
218, 224, 236
ビジネスモデル‥‥‥‥‥‥22, 42, 108
ヒューマンスキル‥‥‥‥‥43, 54
フォロワー‥‥‥‥‥‥‥‥148, 216
俯瞰力‥‥‥‥‥‥‥‥‥‥43, 47, 52
振り返り‥‥‥‥‥‥‥‥‥57, 282
プロジェクトマネジメント‥66, 110, 125, 131
文書化‥‥‥‥‥‥‥‥‥‥81, 181, 196
ヘルプデスク‥‥‥‥‥‥‥62
ベンダーリスト‥‥‥‥‥‥128
本番移行手順書‥‥‥‥‥‥253, 255
本番環境‥‥‥‥‥‥‥‥‥218, 225, 237,
255, 261

ま行・や行・ら行

マイルストーン‥‥‥‥‥‥68, 103, 167
マスタデータ‥‥‥‥‥‥‥190, 235, 246,
265
丸投げ‥‥‥‥‥‥‥‥‥‥95, 110, 112,
157, 178, 206
メンバーシップ型雇用‥‥‥34
要件定義‥‥‥‥‥‥‥‥‥97, 100, 131,
152, 154, 157,
158, 162, 164,
170, 194, 196,
225
要件定義書‥‥‥‥‥‥‥‥162, 254
要件漏れ‥‥‥‥‥‥‥‥‥159, 180, 182,
241
予算管理‥‥‥‥‥‥‥‥‥67, 74
リーダー‥‥‥‥‥‥‥‥‥148, 216
リソース管理‥‥‥‥‥‥‥67, 72
リリース判定資料‥‥‥‥‥272
ロジカルシンキング‥‥‥‥42, 52, 71

■著者紹介

加藤 一（かとう・はじめ）

山形県出身。Southern Wesleyan University Computer Science 専攻／ E-commerce 副専攻修了。
大手医療機器メーカー社内 SE ／ IT ブログ運営者／社内 SE 講師。
国内外で IT コンサルタントや大手商社・医療系メーカーの社内 SE として 15 年以上従事。主に製造・物流システムの企画・開発・保守に携わり、グローバル 16 拠点以上への大規模システム導入実績などがある。
月間数万 PV の社内 SE 向け情報ブログ「IT Comp@ss」を運営中。

■お問い合わせについて
本書の内容に関するご質問は、弊社 Web サイトのお問い合わせフォームからお送りください。そのほか封書もしくは FAX でもお受けしております。
ご質問は、本書に記載されている内容に関するもののみとさせていただきます。本書の内容を超えるものや、本書の内容と関係のないご質問につきましては一切お答えできませんので、あらかじめご了承ください。
■宛先
〒 162-0846
東京都新宿区市谷左内町 21-13
（株）技術評論社　書籍編集部
『情シス　企画・開発・運用 107 のルール』質問係
Web　https://gihyo.jp/book/2024/978-4-297-14059-5
FAX　03-3513-6183
なお、訂正情報が確認された場合には、https://gihyo.jp/book/2024/978-4-297-14059-5/support に掲載します。

カバー＆本文デザイン　菊池 祐（株式会社ライラック）
本文レイアウト　　　　株式会社ライラック
第 8 章イラスト　　　　中山成子

社内 SE 1 年目から貢献！
情シス　企画・開発・運用 107 のルール

2024 年 4 月 2 日　初版　第 1 刷発行

著　者　　加藤 一
発行者　　片岡 巌
発行所　　株式会社技術評論社
　　　　　東京都新宿区市谷左内町 21-13
　　　　　電話　03-3513-6150　販売促進部
　　　　　　　　03-3513-6166　書籍編集部
印刷／製本　日経印刷株式会社

定価はカバーに表示してあります。

ISBN978-4-297-14059-5 C3055
Printed in Japan

情シス・IT担当者［必携］

システム発注から導入までを
成功させる90の鉄則

田村昇平・著
A5判／256頁
定価 2,398 円

企業の IT 担当者、情報システム部門に向けた、システム発注から
導入までのノウハウ集。IT コンサルタントという立場だからこそ
知りえた筆者のノウハウをギュッと凝縮。

第 1 章　システムの企画提案〜 IT ベンダー選定までのルール
第 2 章　プロジェクト立ち上げ〜要件定義までのルール
第 3 章　ユーザー受入テスト〜システム検収までのルール
第 4 章　ユーザー教育〜システム本稼働までのルール
第 5 章　システム運用／保守のルール